全国高职高专水利水电类精品规划教材

水利工程经济

主　编　袁俊森　潘　纯
主　审　刘宪亮

U0238257

中国水利水电出版社
www.waterpub.com.cn

内 容 提 要

　　本书是根据全国水利水电高职教研会审定的高等职业技术教育专业指导性教学计划，经《全国高职高专水利水电类精品规划教材》编审会议研究，按照《水利工程经济》教材编写大纲编写的全国水利水电类高职高专统编教材。全书共分11章，主要内容为：绪论、水利工程基本建设程序、水利工程经济的基本概念、资金的时间价值及基本计算公式、国民经济评价方法、财务评价及不确定性分析、综合利用水利工程的投资费用分摊、防洪和治涝工程的经济评价、灌溉和水力发电工程经济评价、城镇供水工程经济评价、水价计算。

　　本书可作为水工、水动、农水、治河等各专业的必修课和选修课，也可作为水利部门干部和职工的培训教材及广大水利工作者的参考用书。

图书在版编目（CIP）数据

水利工程经济/ 袁俊森，潘纯主编. —北京：中国水利
水电出版社，2005（2021.6重印）
　全国高职高专水利水电类精品规划教材
　ISBN 978-7-5084-3184-0

Ⅰ.水… Ⅱ.①袁…②潘… Ⅲ.水利工程—工程经济学—
高等学校：技术学校—教材　Ⅳ.F407.9

中国版本图书馆 CIP 数据核字（2005）第 093018 号

书　　名	全国高职高专水利水电类精品规划教材 **水利工程经济**
作　　者	主编　袁俊森　潘纯
出版发行	中国水利水电出版社 （北京市海淀区玉渊潭南路 1 号 D 座　100038） 网址：www.waterpub.com.cn E-mail：sales@waterpub.com.cn 电话：（010）68367658（营销中心）
经　　售	北京科水图书销售中心（零售） 电话：（010）88383994、63202643、68545874 全国各地新华书店和相关出版物销售网点
排　　版	中国水利水电出版社微机排版中心
印　　刷	北京瑞斯通印务发展有限公司
规　　格	184mm×260mm　16 开本　10 印张　237 千字
版　　次	2005 年 8 月第 1 版　2021 年 6 月第 13 次印刷
印　　数	35601—39600 册
定　　价	**35.00 元**

序

　　教育部在《2003—2007年教育振兴行动计划》中提出要实施"职业教育与创新工程"，大力发展职业教育，大量培养高素质的技能型特别是高技能人才，并强调要以就业为导向，转变办学模式，大力推动职业教育。因此，高职高专教育的人才培养模式应体现以培养技术应用能力为主线和全面推进素质教育的要求。教材是体现教学内容和教学方法的知识载体，进行教学活动的基本工具；是深化教育教学改革，保障和提高教学质量的重要支柱和基础。所以，教材建设是高职高专教育的一项基础性工程，必须适应高职高专教育改革与发展的需要。

　　为贯彻这一思想，在继2004年8月成功推出《全国高职高专电气类精品规划教材》之后，2004年12月，在北京，中国水利水电出版社组织全国水利水电行业高职高专院校共同研讨水利水电行业高职高专教学的目前状况、特色及发展趋势，并决定编写一批符合当前水利水电行业高职高专教学特色的教材，于是就有了《全国高职高专水利水电类精品规划教材》。

　　《全国高职高专水利水电类精品规划教材》是为适应高职高专教育改革与发展的需要，以培养技术应用性的高技能人才的系列教材。为了确保教材的编写质量，参与编写人员都是经过院校推荐、编委会答辩并聘任的，有着丰富的教学和实践经验，其中主编都有编写教材的经历。教材较好地贯彻了水利水电行业新的法规、规程、规范精神，反映了当前新技术、新材料、新工艺、新方法和相应的岗位资格特点，体现了培养学生的技术应用能力和推进素质教育的要求，具有创新特色。同时，结合教育部两年制高职教育的试点推行，编委会也对各门教材提出了满足这一发展需要的内容编写要求，可以说，这套教材既能够适应三年制高职高专教育的要求，也适应了两年制高职高专教育培养目标的要求。

　　《全国高职高专水利水电类精品规划教材》的出版，是对高职高专教材建设的一次有益探讨，因为时间仓促，教材可能存在一些不妥之处，敬请读者批评指正。

《全国高职高专水利水电类精品规划教材》编委会

2005年6月

前言

　　本书是依据教育部《关于加强高职高专人才培养工作意见》和《面向 21 世纪教育振兴行动计划》等文件精神，根据全国水利水电高职高专教研会审定的高等职业技术教育专业指导性教学计划，经《全国高职高专水利水电类精品规划教材》编审会议研究，按照《水利工程经济》教材编写大纲编写的。本教材力求突出高等职业技术教育教材的特点，着重于教材的实用性，以培养学生的应用能力为主线，注意反映本学科的新发展，努力做到循序渐进和理论与实际的联系。本教材可供水工、水动、农水、治河等各专业的必修课和选修课之用，也可作为水利部门干部与职工的培训教材及广大水利工作者参考之用。

　　参加本书编写工作的有：黄河水利职业技术学院袁俊森（第 1 章、第 2 章、第 3 章的 3.1、3.2），邢广彦（第 4 章、第 7 章），陈诚（第 6 章、第 8 章）；福建水利电力职业技术学院刘启够（第 5 章、第 11 章）；南昌工程学院罗冬兰（第 9 章）；长江工程职业技术学院潘纯（第 3 章的 3.3、3.4、3.5、第 10 章）。全书由袁俊森执笔统稿，由黄河水利职业技术学院刘宪亮教授主审。

　　本教材在编写过程中得到了有关院校老师的热情指导和有关部门的热情协助，有些资料引自有关院校和生产、科研、管理单位编写的教材、专著和文章，在此一并致谢。

　　由于编者水平所限，书中一定存在缺点和不足之处，诚恳地希望读者提出批评指正意见，以便今后改进。

编　者

2005 年 6 月

目 录

第1章　绪　　　论

1.1　我国水利工程建设概况

1.1.1　我国水利建设概况

水利工程建设在我国国民经济中占有基础产业的重要地位。新中国成立以来，全国各族人民在党和政府的领导下，开展了大规模的水利建设，取得了举世瞩目的伟大成就，建成了一大批防洪、灌溉、排涝、发电、城镇供水等工程设施，在国民经济发展中发挥了重要作用。50年来全国共修建加固堤防26万多km，修建了各类水库8.6万多座，初步建成防御大江大河常遇洪水的防洪体系；兴建蓄、引、提、供水工程460万座，具备了5800多亿m³的年供水能力，实现有效灌溉面积8亿多亩❶，水电装机容量2000年达到了7935.2万kW，年发电量2431.3亿kW·h，2004年突破了1亿kW。随着大规模水利基础设施项目的建设，水利工程建设的技术水平不断提高，碾压混凝土坝、混凝土面板堆石坝、混凝土高薄拱坝等一批新坝型被广泛采用；防渗墙深层基础处理技术、预应力锚固技术、定向爆破及控制爆破技术、地下工程施工、导截流工程施工、高坝泄洪消能等一大批新技术、新工艺、新装备得到了普遍应用；被工程技术界称作"最具挑战性"的小浪底水利枢纽的建成和工程规模位居世界之最的三峡水利枢纽建设的顺利进展，标志着我国水利建设的规模和技术已达到世界先进水平。特别是近几年，水利建设规模空前，成效显著。主要表现在以下几个方面。

（1）以大江大河堤防为重点的防洪建设取得重大进展。"九五"期间共开工建设堤防约3万km，完成堤防断面达标1.6万多km；已建成达标海堤近6000km；全国共有236座城市达到国家防洪标准，有25座水利枢纽竣工投入运用，增加防洪库容约60亿m³；80多座大中型病险水库得到除险加固，恢复兴利库容58亿m³。

（2）水利管理工作得到全面加强，完成了《大江大河治理近期专项工程建设规划》和《全国水利发展总体规划纲要》等。建设管理和质量管理按照中央的要求，建立了较为完善的工程质量责任制，普遍实行了项目法人责任制，在水利工程建设中全面推行招投标制，使建设监理工作走上了正轨。

（3）节水灌溉成效显著，城乡供水能力不断提高，水电建设迅速发展。目前全国已发展渠道防渗、管道输水、喷灌、微灌等节水灌溉工程面积2.8亿多亩，其中"九五"期间发展了1.15亿亩，重点组织实施了300个节水重点县建设、200多个以节水为中心的大型灌区续建配套和更新改造及节水增效示范项目。在不增加农业总供水量的条件下，新增

---

❶　亩为非法定计量单位，考虑我国目前实际情况，此处暂时保留、沿用，它与面积的法定计量单位间的关系为：1亩＝66.7m²。

灌溉面积 6400 万亩，相当于每年节水约 250 亿 m³。完成了一批大中型水源及供水工程建设，新增年供水能力约 400 亿 m³；发展乡镇供水 3800 多处，解决了 5000 万农村人口的饮水困难。水电建设发展迅速，全国有 338 个县完成了初级电气化县建设任务，特别是进入 21 世纪以来，发展速度更快，2000 年水电装机 7935.2 万 kW，到 2004 年，我国水电装机突破了 1 亿 kW。

（4）节约用水管理进一步加强。编制了《全国节水规划纲要》，会同有关部门制定了《关于加强工业节水工作的意见》，全国近 20 个省（区、市）成立了节约用水办公室，加强了对工业、农业和城市节水工作的管理。随着改革的不断深入，城市税务体制的改革探索工作也取得了重大进展，上海、包头、承德、呼和浩特、齐齐哈尔、本溪等城市及一大批县（市）根据自己的实际需要，成立了水务局，对辖区内的城乡涉水事件进行统一管理，为这些地区水资源的合理配置和可持续利用创造了极为有利的条件。

（5）水土保持和水资源保护力度加大。"九五"期间，以长江、黄河中上游为重点的全国七大流域水土保持生态系统建设工程全面启动，在 50 万 km² 的范围内实施了水土保持、预防保护，15.6 万个开发建设项目执行了水土保持方案报告制度和"三同时"（建设项目中的水土保持措施与主体工程同时设计、同时施工、同时投产使用）制度，人为造成的新的水土流失得到一定的控制；加强了对重点河流、湖泊的水资源保护，协同有关部门推动了对淮河、太湖和滇池工业污染源的治理。同时全面地加强了对供水水源地的监测和保护。

（6）法制建设逐步完善。国务院相继颁布了《蓄滞洪区运用补偿暂行办法》、《中华人民共和国水法》、《取水许可制度实施办法》、《大中型水利水电工程建设征地补偿和移民安置条例》，《黄河法》等流域立法工作开始启动。

1.1.2 当前水利建设事业存在的主要问题

我国水利事业的成绩是十分巨大的，对国民经济的发展起了非常重要的作用。但在水利建设取得巨大成绩的同时，由于我国特殊的自然条件和社会经济条件以及在过去的水利水电建设中有些工程没有按照客观经济规律办事等原因，使得我国当前水利事业还存在如下一些主要问题。

1. 江河防洪标准偏低，洪水灾害频繁仍然是较长期存在的问题

我国当前江河防洪标准仍然偏低，洪涝灾害频繁。黄河下游堤防标准只有 60 年一遇，长江中下游堤防只能防御 10~20 年一遇的洪水，淮河、海河、辽河、松花江、珠江等江河堤防除少数重点城市外，大部分堤防还只能防御 20 年一遇的洪水；在全国 600 多座有防洪任务的城市中，还有 400 多座城市防洪标准低于 50 年一遇；在我国漫长的海岸线上，只有 1 万多 km 海堤，其中一半以上没有达到 50 年一遇潮水位加 10 级风浪的标准。在 7 大江河下游受洪水威胁的范围内，集中了大约全国耕地的 1/3，人口的 2/5 和工农业总产值的 3/5。洪水灾害仍然是我国的一大心腹之患。因此必须增强全民族的水患意识，进一步加快治理大江大河的步伐，提高江河防洪标准。

2. 水资源短缺问题十分突出

我国是一个严重缺水的国家，人均水资源量只有 2200m³，仅相当于世界人均水资源量的 1/4。随着社会经济的快速发展和人民生活水平的不断提高，水资源需求不断增加，

许多地区水资源供需矛盾日益尖锐，按目前的正常需要和不超采地下水，全国年缺水总量约为 300 亿～400 亿 m³。全国上千万人饮水困难，有 400 多座城市供水不足，其中比较严重缺水的城市有 110 座。全国 18 个省、自治区、直辖市有 620 座县级以上政府所在地的城镇缺水，其中地级以上城市 117 座，日缺水量 1700 万 m³，许多地区因为缺水造成工农业生产争水、城乡争水、地区间争水、超采地下水和挤占生态用水，给工农业生产和人民生活造成很大影响。

3. 原有水利设施亟待巩固与改造

20 世纪 50～60 年代初，我国修建的大量水利工程，迄今已运行了几十年，土建工程已经开始老化，机电设备很多已超过了规定的使用年限，其中部分工程原来建设标准就比较低，施工质量欠佳，遗留问题较多，甚至尚有不少水库仍处于病险状态。此外，排洪河道内的人为设障和水利设施的人为破坏，更加重了对现有水利设施的巩固与改造任务，由于缺乏资金来源，往往水利设施不能及时养护维修和更新改造，不能充分发挥工程的效益。

4. 灌排设施不足，不能满足农业增产的需要

在我国西北地区和黄河中游地区，灌排设施是农业增产的必要条件；在黄淮海地区、东北地区、长江中下游及其以南地区，灌排设施是农作物稳产、高产的重要保证。在我国农业发展中，灌排事业具有十分重要的作用。近些年来，虽然仍在不断新增灌溉面积，但由于部分灌区老化失修，基本建设占居耕地以及管理不善等许多原因，实际灌溉面积很难得到大幅度增长，灌溉标准也不高，不能适应农业发展的需求。

5. 水环境恶化的趋势尚未得到有效遏制

我国水环境恶化在不断加重，近年来，水污染、水土流失、沙尘暴、地下水超采和湿地退化等问题尽管引起了全社会的极大关注，但尚未得到有效地控制，水体、水质总体上还呈恶化趋势。据有关资料，1999 年全国污水排放量为 606 亿 m³，其中 80% 未经处理直接排入江河湖库水域，全国湖泊约有 75% 以上的水域受到显著污染，更为严重的是全国有近 90% 城镇的饮用水源受到污染。全国水土流失面积 367 万 km²，占国土面积的 38%；全国地下水超采量达 92 亿 m³，已形成 164 个地下水超采区，部分地区出现地面沉降，海水入侵。水环境的恶化，严重地影响了我国经济社会的可持续发展。显然，我国水利建设、水资源保护与管理的工作是任重而道远。

1.1.3 近期水利建设的任务

《中华人民共和国国民经济和社会发展第十个五年计划纲要》中指出：水利建设要全面规划，统筹兼顾，标本兼治，综合治理。坚持兴利除害结合，防洪抗旱并举，在加强防洪减灾的同时，把解决水资源不足和水污染问题放到更突出的位置。

随着经济的发展和人口的增长，水利事业在国民经济中的地位越来越重要，水利不仅是农业的命脉，而且也是国民经济的命脉；水利不仅是基础产业，而且是必须重点和超前发展的战略产业。为实现到 2010 年国内生产总值比 2000 年翻一番的战略目标，今后水利建设的任务是：加快大江大河大湖治理，抓紧主要江河控制性工程建设和病险水库除险加固，提高防洪调蓄能力完善防洪体系，提高防洪能力；搞好中小型水利工程的维护和建设，加强城市防洪工程建设。搞好水利设施配套和经营管理，加快现有灌区改造提高用水

效率，把节水放在突出位置；加强水资源的规划和管理，搞好江河全流域水资源的合理配置，协调生活、生产和生态用水；城市建设和工农业生产布局要充分考虑水资源的承受能力；大力推行节约用水措施，发展节水型农业、工业和服务业，建立节水型社会；搞好水环境保护，抓紧治理水污染源；改革水管理体制，建立合理的水价形成机制，调动全社会节水和防止水污染的积极性；加快水土保持生态建设，改善水土流失区的生活和生产条件，控制人为造成新的水土流失，加大水污染防治和水资源保护力度；积极开展雨洪资源利用，加大城市及工业废污水的处理与再利用，开发利用微咸水等，沿海缺水城市要加强对海水利用的研究，采用多种形式缓解北方地区缺水矛盾。建立完善的各项保障措施，进一步加强管理，提高水利工作水平和工作效率；深化水利改革，建立适应于社会主义市场经济新体制和有利于水利发展的良性运行机制，加强法制建设，依法行政、依法治水、依法管水；积极开展水利科学技术研究，大力推广新技术、新材料、新工艺，不断提高我国水利科学技术水平和水利现代化建设水平。

1.2　本课程的性质和意义

1.2.1　本课程的性质

《水利工程经济》是应用工程经济学中的基本原理和一般计算方法对水利技术政策、技术措施或技术方案进行经济效果评价的一门技术专业课程。通过对经济效果的评价和论证，具体解决水利水电工程建设中的有关经济问题，确定技术政策的方向，技术措施的优劣，工程方案经济上的合理性和财务上的可行性。因此，研究水利工程经济，不仅具有理论上的指导作用，而且更重要的是掌握和应用理论解决水利工程中的实际经济问题。

《水利工程经济》课程主要研究在本专业领域内的经济效果理论，衡量经济效果的指标体系，以及评价经济效果的计算方法等。具体来说，水利经济问题就是在满足防洪、除涝、灌溉、供水或发电等要求的条件下，如何用一定的投入获得最大的产出；或者是如何用最少的投入获得一定的产出。所谓投入，是指在生产过程中所需付出的全部资金，包括一次性投资和各年所需的年运行管理费用，即工程项目在建设和生产期内所需全部物化劳动及活劳动消耗的总和。所谓产出，是指生产出来的各种有用成果，常用总产值或净产值等价值量指标表示为效益。用产出与投入的比较指标作为表示经济效果的指标。经济分析或经济评价的目的就是设法寻求最优的经济效果指标，即如何用较少的资金获得尽可能大的经济效益。但应注意的是，由于水利是基础产业，对社会影响巨大，所以在水利工程方案的选择时，除进行经济分析或经济评价外，尚需从政治、社会、技术、环境等多方面进行综合分析，全面评价，才能最终选出最佳方案。

1.2.2　学习本课程的意义

在"水利是国民经济基础产业"的指导思想下，我国水利事业有着十分宏伟的发展前景。摆在我们面前的任务是在完成国民经济发展计划的前提条件下，如何减少投入（费用），增加产出（效益），千方百计地提高经济效果，加速我国社会主义建设，这是我们共同的光荣任务，所以，学习研究水利工程经济具有重要的意义，主要体现在以下几个方面。

1. 加强经营管理，提高经济效益是社会主义经济发展的客观要求

社会主义生产的目的是最大限度的满足整个社会和人民不断增长的物质文化生活的需要，这就要求全社会剩余产品的不断增加和丰富，而社会主义制度下剩余产品的增加和获得只能靠提高经济效益。水利是国民经济的基础产业，水利经济是国民经济的一个重要组成部分，同时水利事业对国计民生关系重大。因此，学习和研究水利工程经济，加强水利经营管理，提高经济效益是社会主义经济发展的客观要求。

2. 使我国有限的水资源得到有效而充分的利用、治理、保护和合理配置

我国是一个严重缺水的国家，人均水资源量只有 2200m³，仅相当于世界人均水资源量的 1/4；此外我国水资源在时空上分布极不均衡，缺水问题将成为阻碍国民经济发展的严重问题。解决的办法无非是开源节流。一方面克服水的浪费，提高水的重复利用，防治水资源的污染和破坏，把节水和保水问题提到战略地位上来考虑。另一方面对水资源的开发利用从宏观上加以控制，保证全局的合理配置，并在微观上对每一项水利工程的规划、设计、施工和运行管理进行严格的经济分析和核算。所以，学习和研究水利工程经济对于保证水资源有效而充分地开发利用，提高水工程经济效益具有重要的意义。

3. 为水利建设事业的正确决策提供依据

任何一项水利工程建设项目，在其规划、设计、施工和运行管理过程中，都具有不同的方案。项目的方案优化是工程项目的技术先进性和经济效果优越性两者的统一，这也是进行项目决策所希望的结果。学习和研究水利工程经济，就可以对水利工程项目目标进行经济分析并加以优选，抉择出最佳方案，为工程项目的实施决策提供依据。

4. 学会生财、聚财和用财的方法，提高经营管理水平，充分发挥工程效益

学习和研究水利工程经济，了解和掌握客观经济规律，遵循客观经济规律，就可以更好地利用现有资金、筹集资金，使其发挥最大的经济效果，提高经营管理水平，进而为社会创造更多的财富，满足人民日益增长的物质文化生活的需要。

5. 学会用经济方法解决经济问题，推动水利科学技术水平不断提高

学习和研究水利工程经济，掌握经济方法，按照客观经济规律办事，如对已建成的水利工程，注意发挥或提高设计效益，提高经营管理水平，建立健全经济责任制，节约用水，合理收费，搞好多种经营；对拟建的水利工程，应注意充分发挥各类效益的要求，合理地治理和开发利用水资源，在规划、勘测、设计、施工和运行管理各阶段都进行经济分析和评价，采用最优方案，以获得最大的效益。采用经济方法解决工程中的实际经济问题，就会不断提高水利工程经营管理水平，把我国的水利建设事业搞得更好，从而推动我国的水利科学技术水平不断得到提高。

1.3 国内外水利经济发展概况

1.3.1 美国水利经济发展概况

从水利工程经济的理论和实践的发展过程看，美国水利经济的发展可以分为以下几个阶段。

19世纪初～20世纪30年代为第一阶段。19世纪初，随着水利工程的发展，开始研

究工程的投资费用和效益的关系。当时的财政部长加勒廷提出：“当某一条航运路线的运输年收入超过所花资本的利息和工程的年运行费用（不包括税收）之和时，其差额即为国家的年收入。”随后，国会强调应该有一个有利的效益和费用的比值和获得最大净效益，作为判别或评价工程方案的基本准则。1936年国会通过的《防洪法案》规定：“兴建的防洪工程与河道整治工程，其所得效益应超过所花费用”。以后，要求所有联邦机构提请拨款的每项工程，都应作出经济分析和论证的报告。

20世纪40~60年代初期为第二阶段。美国于1946年成立了“联邦河流流域委员会效益费用分会”。该会在1950年提出了《河流流域工程经济分析的建议方法》，1962年参议院颁布了《水土资源工程评价的新标准和准则》。在制定规定、评价和复查水资源工程计划时，必须采取的政策、标准和步骤。在这一阶段中制定了较完善的水资源经济评价方法。

20世纪60年代中期以后为第三阶段。1969年颁布了《国家环境政策法》，水资源工程评价，除了要考虑经济效益外，还要同时注意环境问题。1973年颁布的《水土资源规划的原则和标准》要求水资源规划除考虑经济、环境两项目标外，还应考虑地区经济发展和社会福利两项目标。1979年修订了1973年颁发的标准。1980年又制定了《水资源评估程序》，提出除进行效益和费用分析外，还需同时研究地下水与地表水的水质、水量问题，保护环境、注意生态平衡、节约用水以及注意工程措施与非工程措施相结合，求得最大的经济效益。从1980年以后，美国水利经济发展进入了系统评价的阶段。

1.3.2 前苏联水利经济发展概况

前苏联水利工程全部由国家控制，实行计划经济，有国家机构制定计划并拨款修建各项水利工程，虽然不像美国以市场经济为主，存在着激烈的竞争，但同样注意建设资金的经济效果，在各部门、各工程项目、各建设方案之间进行广泛的经济考核和经济比较。前苏联的水利经济发展可分为以下几个阶段。

第一阶段（20世纪20~30年代中期）。20年代初期，在编制俄罗斯电气化计划时，曾接受“资金利率”的概念，方案比较中考虑资金的时间因素，当时把工程效益与基建投资的比值称为经济效率系数，当时国家计委规定为6％，它取决于国家所拥有的资金数量和国民经济的年增长速度。这一方法一直使用到30年代中期。

第二阶段（20世纪30年代中期~50年代末）。30年代中期，有人认为“资金利率”属于资本主义的经济范畴，于是作了很大修改，经济评价的方法不计时间价值，即不考虑利率。提出以劳动量作为价值的主要尺度，在编制计划和选择工程项目时，主要考虑的是满足国民经济的发展需要和节约总劳动消耗量，而不是所选方案的最大利润。在这一阶段，引进了抵偿年限的概念，工程方案比较中采用抵偿年限法和计算支出最小法，并规定了各经济建设部门的标准抵偿年限。40年代有人主张在方案比较选择时，应利用价值指标对经济效果进行分析，并提出社会主义生产价格＝成本＋投资×某一额定系数。当时也有人提出：要重视计划的作用，不能对价值作用估计过高。在这一时期，国家基本建设资金全部由国家无偿拨付，由于不分情况地无偿拨款使用生产建设资金，导致大量积压浪费固定资产和流动资金，拖延了施工进度。

第三阶段（20世纪60~80年代）。1960年苏联颁布了《确定基本建设投资和新技术效果的标准计算方法》（以下简称《标准方法》），规定考虑新建工程施工期、新技术（革新、改造）实施期投资的时间价值，改无偿使用为有偿使用，改拨款为贷款，并以利润及利润率作为企业经营的主要指标。经过 10 年试行，收到了较好的经济效果。于是 1969 年又发布《标准方法（第二版）》。1979 年颁布了《国民经济中采用新技术创造发明和合理化建议的经济效果计算方法》。1980 年颁布了《苏联投资经济效益标准计算方法》，又称《标准方法（第三版）》。新的标准计算方法要求对投资分期投放，年运行费又随时间发生变化，需考虑时间换算系数。后来学术界开始认识到，生产性投资与非生产性投资要当作一个整体进行研究，强调环境保护的重要性，重视环境保护工作。

1.3.3 我国水利经济发展概况

早在公元前 250 年左右修建的兼有防洪、灌溉和内河航运综合效益的都江堰工程，就有粗略的水利经济计算，已经考虑到工程的所费（稻米若干斗）和所得（浇田若干亩等）。近代水利经济研究，始于冀朝鼎于 20 世纪 30 年代编著的《中国历史上的基本经济区与水利事业的发展》一书。新中国成立以前，我国水利工程建设不多，大型水利工程的经济计算是学习欧美的效益费用比和净效益等动态经济分析方法，如三峡工程开发方案的初步研究。

新中国成立后，中国共产党领导全国人民开始大规模兴修水利工程，经济活动采用前苏联的中央计划经济和无偿拨款进行基本建设的模式，当时水利工程的经济计算广泛采用前苏联 50 年代的不考虑资金时间价值的静态经济分析方法，如投资回收年限法、抵偿年限法和计算支出最小法等。基本上是照搬前苏联的一套水利经济计算方法，与我国水利建设的实际情况结合不够，但由于这一时期的水利工程建设注意调查研究和基本资料的收集，强调实事求是的工作作风，注重工程项目的经济效果，国民经济各部门基本上是有计划按比例发展的，加上当时的有利条件，水利建设成绩很大，工程经济效益是比较好的。

从 20 世纪 50 年代末期到 1978 年党的十一届三中全会召开前的 20 年间，由于种种因素的影响，忽视了必要的经济评价工作，水利动能经济理论研究工作几乎全部陷于停顿状态，致使有些工程项目投资大、工期长、效益小，工程的经济效果很差，甚至得不偿失。使我国水利建设事业遭受了许多不可弥补的损失。

1978 年党的十一届三中全会以后，由于对外实行开放政策，对内搞活经济；强调经济建设要实事求是，要千方百计地提高国民经济各部门的经济效益。于是水利经济工作又得到了蓬勃发展。1982～1985 年，有关部门先后制定了《电力工程经济分析暂行条例》、《水力发电工程经济评价暂行规定》、《小水电经济评价暂行条例》、《水利工程水费核定、计收和管理办法》以及 SD139—85《水利经济计算规范（试行）》等。使水利水电工程在规划、设计、运行管理等各个环节中的经济评价工作，均有了明确的指导准则和较具体的计算方法，为水利水电工程经济评价工作的开展和工程经济理论与实践的迅速发展奠定了良好的基础。1987 年 9 月，国家有关部门组织编制并正式颁布了《建设项目经济评价方法与参数》（以下简称《方法与参数》），对建设项目经济评价的实际应用作了详细的规定，并对评价的基础理论和方法也作了必要的阐述。1990 年 9 月电力工业部、水利部水利水电规划设计总院颁布了《水电建设项目经济评价实施细则》。1992 年 10 月，根据原国家计委❶于 1987 年颁布的《方法与参数》，结合水利工程特点，在原颁发试行的 SD139—85《水利经济计算规范》的基础上修改编制了 SL72—94《水利建设项目经济评价规范》。随着国民经济的发展和我国市场经济体制的建立，法制建设不断完善，1992 年 11 月发布了 SL45—92《江河流域规划环境影响评价规范》；1995 年发布了 GB/T15774—1995《水土保持综合治理效益计算方法》、SL16—95《小水电建设项目经济评价规程》；1996 年修改并颁布了《中华人民共和国水污染防止法》；1997 年颁布了《中华人民共和国防洪法》；1998 年发布了《已成防洪工程经济效益分析计算及评价规范》；1999 年发布了《水资源评价导则》；2004 年作出了修改《国民经济评价方法与参数》的决定，目前即将颁布。

党的十一届三中全会以来，经过 20 多年的实践，我国水利水电经济研究工作在吸收国外先进的经济理论、研究成果和实践经验的基础上，因地制宜地解决了我国水利建设中迫切需要解决的问题，同时从宏观上研究水利事业在国民经济中的地位和作用，从微观上研究水利工程项目经济评价的理论和方法，逐步形成了具有中国特色的水利工程经济学科体系。

---

❶ 国家计划委员会，1998 年更名为国家发展委员会，2003 年改组为国家发展和改革委员会，简称国家发改委。

第2章 水利工程基本建设程序

2.1 水利工程基本建设程序和内容

2.1.1 水利工程基本建设的概念

水利工程基本建设是指水利部门为了扩大再生产而进行增加固定资产的新建、扩建、改建和恢复工程、设备购置以及与之有关的活动。它是一种经济活动或固定资产投资活动，其结果是形成固定资产，即基本建设项目。它涉及的内容很广，包括建筑和安装工程，设备购置、征用土地、勘察设计、筹建机构、培训生产职工、移民安置等。此外，自然条件如水文地质、矿产资源、气象变化等对水利工程基本建设都有直接的影响。

水利是基础产业，水利工程基本建设在国民经济中具有十分重要的作用。它是发展社会生产力，推动国民经济现代化，满足人民日益增长的物质文化需求，以及增强综合国力的重要手段之一。同时，通过水利基本建设还可以调整社会的产业结构，合理地进行资源配置，促进国民经济有计划、按比例地健康发展。随着国民经济的不断发展，水利工程基本建设取得了突飞猛进的巨大成绩，在我国的国民经济的发展中发挥着越来越重要的作用。

水利工程基本建设，从提出项目的设想到项目建设、投产使用，必须按照一定程序进行，项目要取得成功，实现工程总目标，必须运用系统工程的观念、理论和方法，对项目进行全方位、全过程的管理。

2.1.2 水利工程建设的程序和内容

水利是国民经济的基础设施和基础产业。水利工程建设要严格按照建设程序进行。建设程序是指由行政性法规、规章所规定的，进行基本建设所必须遵守的阶段及其先后顺序。这个法则是人们在认识客观规律，科学地总结了建设工作实践经验的基础上，结合经济管理体制制定的。它反映了项目建设所固有的客观规律和经济规律，是建设项目科学决策和顺利进行的重要保证。1995年中华人民共和国水利部《水利工程建设项目管理规定（试行）》（水建128号）文件指出，对于由国家投资、中央和地方合资、企事业单位独资、合资以及其他方式兴建的防洪、除涝、灌溉、发电、供水、围垦等大中型（包括新建、续建、改建、加固、修复）工程建设项目，建设程序一般分为：项目建议书、可行性研究报告、初步设计、施工准备（包括招标设计）、建设实施、生产准备、竣工验收、项目后评价8个阶段。但应注意的是，建设项目性质不同，建设程序中具体的工作内容也有所不同。

1. 项目建议书阶段

项目建议书是要求建设某一具体工程项目的建议文件，是对拟进行建设项目的初步说明。是投资决策前对拟建工程项目的轮廓设想。也是水利工程基本建设程序中最初阶段的工作。编制项目建议书，应根据国民经济和社会发展长远规划、流域综合规划、区域综合规划、专业规划，按照国家产业政策和国家有关投资建设方针，按照《水利水电工程项目建议书编制暂行规定》（水利部水规计［1996］608 号）要求编制。项目建议书编制完成后，根据建设总规模和限额划分的审批权限报批。按现行规定，凡属大中型或限额以上的项目建议书，首先要报送行业归口主管部门，同时抄送国家发改委。行业归口主管部门要根据国家中长期规划的要求，重点从资金来源、建设布局、资源合理利用、经济合理性、技术初步可行性等方面进行初审。行业归口主管部门初审通过后报国家发改委，由国家发改委再根据建设总规模、生产力总布局、资源优化配置、资金供应及外部协作条件等方面的情况进行综合平衡，在委托有资格的工程咨询单位评估后进行审批。凡行业归口主管部门初审未通过的项目，国家发改委不予审批。凡属于小型和限额以下项目的项目建议书，则按工程项目的隶属关系由主管部门或地方计委审批。

提出开发目标和任务，对工程项目的建设条件进行调查和必要的勘察工作，并在对资金筹措进行分析后，择优选定项目的建设规模、时间和地点，论证工程项目建设的必要性，初步分析工程项目建设的可行性。

2. 可行性研究报告阶段

项目建议书经过批准后，即可着手进行可行性研究，在进行全面技术经济预测、计算、分析论证和多种方案比较的基础上，对项目在技术上是否可行和经济上是否合理进行科学分析和论证。

水利水电工程项目可行性研究报告是在流域规划的基础上，对拟建项目的建设条件进行的调查、勘测、分析、方案比较等工作，主要是论证项目兴建的必要性、技术可行性、经济合理性。是在可行性研究的基础上编制的一个重要文件。

编制可行性研究报告的重要依据是批准的项目建议书。由于水利水电建设项目涉及许多部门的利益，因此在可行性研究阶段应积极与有关部门及时协商或通过主管部门进行协调，取得协议后列入报告。

根据国家发改委现行规定，可行性研究报告的审批权限如下：大中型项目的可行性研究报告，按隶属关系由国务院主管部门或省、自治区、直辖市提出审查意见，报国家发改委审批，其中重大项目由国家发改委审查后报国务院审批。国务院各部门直属及下放、直供项目的可行性研究报告，上报前要征求所在省、自治区、直辖市的意见。小型项目的可行性研究报告，按隶属关系由国务院主管部门或省、自治区、直辖市计委审批。有关可行性研究报告的内容，见本章 2.2 节有关内容。

3. 初步设计阶段

初步设计是根据批准的可行性研究报告和必要而准确的设计资料，对设计对象进行系统研究，阐明拟建工程在技术上的可行性和经济上的合理性，规定项目的各项基本技术参数，编制项目的总概算。

水利水电工程的初步设计，应根据充分利用水资源，贯彻综合利用和就地取材的原则，通过不同方案的分析比较，论证本工程及主要建筑物的等级标准、选定坝（闸）址、确定工程总体布置方案、主要建筑物形式和控制尺寸、水库各种特征水位、装机容量、机组机型、制定施工导流方案、主体工程施工方法、施工总进度、施工总布置以及对外交通、施工动力和工地附属企业规划，并进行选定方案的设计和编制设计概算。按照国家规定，如果初步设计提出的总概算超过可行性研究报告确定的投资估算 10％以上或其他主要指标需要变更时，要重新报批可行性研究报告。

4．施工准备阶段

施工准备的基本任务是为拟建工程的施工建立必要的技术和物质条件，统筹安排施工力量和施工现场，也是施工企业搞好目标管理，推行技术经济承包的重要依据。同时还是土建施工和设备安装顺利进行的根本保证。施工准备包括项目报建、施工准备、制定年度建设计划以及提交开工报告等工作。

（1）项目报建。准备工作开始前，项目法人或其代理机构，须依照《水利工程建设项目管理规定（试行）》（水利部水建［1995］128 号）中"管理体制和职责"明确的分级管理权限，向水行政主管部门办理报建手续，项目报建必须交验工程建设项目的有关批准文件。工程项目进行项目报建登记后，方可组织施工准备工作。进行施工准备必须满足如下条件。

1）初步设计已经批准。

2）项目法人已经成立。

3）项目已列入国家或地方水利建设投资计划，筹资方案已经确定。

4）有关土地使用权已经批准。

5）已办理报建手续。

（2）施工准备工作。项目法人或建设单位在向主管部门提出工程开工申请报告前，必须进行的施工准备工作主要包括以下内容。

1）建设项目列入国家年度计划、落实年度建设资金。

2）施工现场的征地、拆迁工作。

3）完成施工用水、电、通信、道路和场地平整等工程。

4）必需的生产、生活临时建筑工程。

5）组织招标设计、咨询服务。

6）选择设计单位并落实初期主体工程施工详图设计。

7）组织项目监理、设备采购、施工等招标。

（3）制定年度建设计划。年度建设计划是合理安排分年度施工项目和投资，规定计划年度应完成建设任务的文件。它具体规定了各年应该建设的工程项目和进度要求、应该完成的投资金额的构成、应交付使用财产的价值和新增的生产能力等。只有列入批准的年度建设计划项目，才能安排施工和支用建设资金。

（4）提交开工申请报告。当各项施工准备工作基本就绪后，应向上级主管部门提交开工申请报告，经上级主管部门批准后，才能进行正式开工。

5．建设实施阶段

建设实施阶段是指主体工程的建设实施，建设项目经批准开工后，项目法人按照批准的建设文件，组织工程建设，保证项目建设目标的实现；参与项目建设的各方，依照项目法人或建设单位与设计、监理、工程承包单位以及材料和设备采购等有关各方签订的合同，行使各方的合同权利，并严格履行各自的合同义务。

需要注意的是，建设项目的开工时间，是指项目设计文件中规定的任何一项永久性工程第一次破土动工的时间，而在此之前的临时工程、施工准备等工作，不算正式开工。

主体工程开工必须具备以下条件：

（1）前期工程各阶段文件已按规定批准，施工详图设计可以满足初期主体工程施工需要。

（2）建设项目已列入国家或地方水利建设投资年度计划，年度建设资金已落实。

（3）主体工程招标已经决标，工程承包合同已经签订，并得到主管部门同意。

（4）现场施工准备和征地移民等建设外部条件能够满足主体工程开工需要。

对于实行项目法人责任制的项目，主体工程开工前还必须具备：

（1）建设管理模式已经确定，投资主体与项目主体的管理关系已经理顺。

（2）项目建设所需全部投资来源已经明确，且投资结构合理。

（3）项目产品的销售，已有用户承诺，并确定了定价原则。

6. 生产准备阶段

生产准备是为了使建设项目顺利投产运行在投产前进行的必要准备，是建设阶段转入生产经营的必要条件。根据建设项目或主要单项工程的生产技术特点，项目法人或建设单位应按照建管结合的要求，适时组织进行。生产准备应根据不同类型的工程要求确定，一般应包括如下主要内容：

（1）生产组织准备。建立生产经营的管理机构及相应管理制度。

（2）及时具体落实产品销售合同协议的签订，提高生产经营效益，为偿还债务和资产的保值增值创造条件。

（3）招收和培训人员。按照生产运营的要求，配备生产管理人员，并通过多种形式的培训，提高人员素质，使之能满足运营要求。生产管理人员要尽早介入工程的施工建设，参加设备的安装调试，熟悉情况，掌握好生产技术和工艺流程，为顺利衔接基本建设和生产经营阶段做好准备。

（4）生产技术准备。主要包括技术资料的汇总、运行技术方案的制定、岗位操作规程制定和新技术准备。

（5）生产的物资准备。主要是落实投产运营所需要的原材料、协作产品、工器具、备品备件和其他协作配合条件的准备。

（6）正常的生活福利设施准备。根据生产和生活的需要以及工程现场自然、经济和社会条件，准备正常的生活福利设施，如住房、交通、水、暖、电、气、生活用品供应、子女教育、医疗保健、休闲娱乐等。

7. 竣工验收阶段

竣工验收是工程建设过程的最后一环，是工程完成建设目标的标志，是全面考核基本建设成果、检验设计和工程质量的重要步骤。竣工验收合格的项目即从基本建设转入生产或使用。

当建设项目的建设内容全部完成，并经过单位工程验收（包括工程档案资料的验收），符合设计要求并按《水利基本建设项目（工程）档案资料管理暂行规定》（水利部水办

［1997］275 号）的要求完成了档案资料的整理工作；完成竣工报告、竣工决算等必须文件的编制后，项目法人按《水利工程建设项目管理规定（试行）》（水利部水建［1995］128 号）规定，向验收主管部门，提出申请，根据国家和部颁验收规程，组织验收。

竣工验收应具备以下条件：

（1）工程已按批准的设计和合同规定的内容全部完成。

（2）各单位工程能正常运行。

（3）历次验收所发现的问题已基本处理完毕。

（4）归档资料符合工程档案资料管理的有关规定。

（5）工程建设征地补偿及移民安置等问题已基本处理完毕，工程主要建筑物安全保护范围内的迁建和工程管理土地征用已完成。

（6）工程投资已经全部到位。

（7）竣工决算已经完成并通过竣工审计。

工程竣工验收前应进行初步验收。初步验收工作组由设计、施工、监理、质量监督、运行管理、有关上级主管单位代表以及有关专家组成。

竣工验收委员会由主持单位、地方政府、水行政主管部门、银行（贷款项目）、环境保护、质量监督、投资方等单位代表和有关专家组成。竣工验收主持单位按以下原则确定：

（1）中央投资和管理的项目，由水利部或水利部授权的流域机构主持。

（2）中央投资、地方管理的项目，由水利部或流域机构与地方政府或省级水行政主管部门共同主持。原则上由水利部或流域机构代表担任验收委员会主任委员。

（3）中央和地方合资建设的项目，由水利部或流域机构主持。

（4）地方投资和管理的项目由地方政府或水行政主管部门主持。

（5）地方与地方合资建设的项目，由合资双方共同主持，原则上由主要投资方代表担任验收委员会主任委员。

（6）多种渠道集资兴建的项目，由当地水行政主管部门主持。

8. 后评价阶段

项目后评价是固定资产投资管理工作的一项重要内容，是对项目达到生产能力后的实际效果与预期效果的分析评价。根据中华人民共和国水利部《水利工程建设程序管理暂行规定》（水建［1998］16 号文件）要求，建设项目竣工投产后，一般经过 1～2 年生产运营后，要进行一次系统的项目后评价。主要内容包括：

（1）影响评价。主要对项目投产后对各方面的影响进行评价。

（2）经济效益评价。即对项目投资、国民经济效益、财务效益、技术进步和规模效益、可行性研究深度等进行评价。

（3）过程评价。对项目的立项、设计施工、建设管理、竣工投产、生产运营等全过程进行评价。

（4）持续运营评价。对项目持续运营的预期效果进行评价。

项目后评价一般按三个层次组织实施，即项目法人的自我评价、项目行业的评价以及计划部门（或项目投资方）的评价。

2.2　建设项目的可行性研究

2.2.1　建设项目可行性研究的概念与作用

可行性研究是指对计划建设的项目在技术上、工程上和经济上是否合理可行，进行全面的分析、论证，作多种方案比较，提出各个方案的优缺点等评价意见，使投资效果达到最好的一种工作方法。简单地说，就是研究一个建设项目在技术上是否先进和可行，在经济上是否合理和有利。通过可行性研究，为投资决策者提供是否选择该项目进行投资的决策依据。

投资一个建设项目，目的就在于最大限度地获得经济效益和社会效益，任何投资决策的盲目性和失误，都可能导致重大的损失。重大项目的决策正确与否，甚至会影响到整个国民经济的结构和规模。建设项目可行性研究具有十分重要的作用，主要包括以下几个方面。

1. 可行性研究是建设项目投资决策和编制设计任务书的依据

可行性研究是项目投资建设的首要环节，项目投资决策者主要应根据可行性研究的评价结果，作出是否应该投资和如何投资的决定。凡是没有经过可行性研究的建设项目，不能批准设计任务书，不能进行设计，不能列入计划。项目投资决策后，还要编制设计任务书，在可行性研究中经过具体研究的技术经济问题（如建设规模、地点、工期、生产技术和经济效益等）都要在设计任务书中明确规定。因此，可行性研究不仅是项目投资决策的依据，也是编制设计任务书的依据。

2. 可行性研究是项目设计的依据

在现行规定中，虽然可行性研究与项目设计文件的编制是分别进行的，但项目的设计要严格按照批准的可行性研究报告内容进行，不得随意改变可行性研究报告中已确定的规模、方案、标准、地址及投资总额等控制性指标。项目设计中的新技术、新设备也必须经过可行性研究才能被采用。所以，我国建设程序规定，可行性研究是建设程序中的一个阶段，是在设计前进行并作为项目设计的依据。

3. 可行研究是项目评估的依据

项目评估是在可行性研究的基础上进行的，通过论证分析，对可行性研究报告进行评价，提出项目是否可行，是否是最好的选择方案，为最后作出投资决策提供咨询意见。可行性研究报告还详细计算项目的财务、经济效益、贷款清偿能力等详细数量指标以及筹资方案和投资风险等。无论是国内或国际投资银行，在接受建设项目贷款时，首先要对贷款项目的可行性研究报告进行全面、细致的分析、评估审查，确认建设项目投资在规定时间内具有偿还能力，不承担过大风险，银行才会同意贷款，决定对该项目的贷款金额。这对合理利用资源，防止盲目建设，提高经济效益起着积极有效的作用。

4. 可行性研究是项目实施的依据

只有经过项目可行性研究论证，被确定为技术可行、经济合理、效益显著、建设与生产条件具备的投资项目，才能被列入国家或地方的投资计划，允许项目建设单位着手组织原材料、燃料、动力、运输等供应条件和落实各项投资项目的实施条件，为投资项目实施作出保证。项目的可行性研究是项目实施的主要依据。

5. 能作为签订协议和合同的依据

根据建设项目的可行性研究报告，建设主管部门可同有关部门签订建设项目所需的原材料、燃料、水电、运输、通信协作和产品销售等方面的协议和合同；需要引进国外的技术和设备，只有在项目可行性研究报告经国家批准后，才能据以同外国厂商正式签约；建设项目在建设过程中的承包、水电供应、设备订货等合同和协议，以及投产后的原材料供应、产品销售和运输等合同和协议，都必须以可行性研究报告为依据，并据此承担经济责任。

6. 可行性研究是工程建设的基础资料

可行性研究报告中所附的工程地质、水文气象、勘探、地形、资源、水质等所有的分析论证资料，是检验工程质量和在整个工程寿命期内追查事故责任的依据。此外，可行性研究报告也是施工组织设计、生产运营设计和培训职工的依据。

2.2.2 建设项目可行性研究的内容

可行性研究的内容根据建设项目的性质不同对可行性研究的要求不同，做法也有所不同，各有侧重，没有固定的统一模式。根据 DL5020—93《水利水电工程可行性研究报告编制规程》的规定，水利水电工程可行性研究报告的主要内容和深度应符合下列要求。

（1）论证工程建设的必要性，确定本工程建设任务和综合利用的主次顺序。

（2）确定主要水文参数和成果。

（3）查明影响工程的主要地质条件和主要工程地质问题。

（4）选定工程建设场址、坝（闸）址、厂（站）址等。

（5）基本选定工程规模。

（6）选定基本坝型和主要建筑物的基本形式，初步进行工程总体布置。

（7）初选机组、电气主结线及其他主要机电设备和布置。

（8）初选金属结构设备形式并进行布置。

（9）初选水利工程管理方案。

（10）基本选定对外交通方案，初选施工导流方式、主体工程的主要施工方法和施工总部署，提出控制性工期和分期实施意见。

（11）基本确定水库淹没、工程占地的范围，查明主要淹没实物指标，提出移民安置、专项设施迁建的可行性规划和投资。

（12）评价工程建设对环境的影响。

（13）提出主要工程量和建材需要量，估算工程投资。

（14）明确工程效益，分析主要经济评价指标，评价工程的经济合理性和财务可行性。

（15）提出综合评价和结论。

根据国家发改委《建设项目可行性研究报告增加招标内容以及核准招标事项暂行规定》（2001 年 6 月 18 日国家发展计划委员会令第 9 号发布），依法必须进行工程招标的工程建设项目，凡应报送审批部门审批的，必须在报送的项目可行性研究报告中增加如下招投标的内容：

（1）建设项目的勘查、设计、施工、监理以及重要设备、材料等采购活动的具体招标范围（全部或者部分招标）。

（2）建设项目的勘查、设计、施工、监理以及重要设备、材料等采购活动拟采用的招标组织形式（委托招标或者自行招标）。

（3）建设项目的勘查、设计、施工、监理以及重要设备、材料等采购活动拟采用的招标方式（公开招标或者邀请招标）。

（4）其他有关内容。

2.2.3　可行性研究阶段的划分

一个工程项目开发建设的全过程，大体可分为三个时期，即建设前期（亦称投资前期）、建设期（亦诚投资期）和生产期。三个时期主要是按照"投资决策"和"交工验收"作为分界线来划分的。每个时期又可分为若干阶段。可行性研究是建设前期工作的重要内容。

可行性研究工作一般分为机会研究、初步可行性研究、详细可行性研究、评价与决策四个阶段。是一种系统的投资决策分析方法。主要用于项目投资决策分析，也广泛应用于供农业生产管理、科学试验、新产品开发、行业规划等方面的决策分析中。

1. 机会研究

将一个项目由意向变为概略的投资建议，称为机会研究。机会研究的目的在于激发投资者的兴趣，也就是寻找最有力的投资机会。

2. 初步可行性研究

初步可行性研究主要是进一步判断机会研究是否正确，并作出投资与否的初步决定，同时也决定可行性研究是否进行。可以说初步可行性研究是介于机会研究和详细可行性研究的中间阶段。但对于不需要进行机会研究的项目（如改建和扩建），就可直接进行初步可行性研究。初步可行性研究的内容与详细可行性研究基本相同，但在深度上与详细可行性研究相比，仍然是粗略的。对项目所需投资和生产费用的计算，误差允许在±20%范围内。

3. 详细可行性研究

详细可行性研究，是对项目进行深入的技术经济论证，也是确定最优方案的依据。凡实行可行性研究的项目，都必须经历这一阶段。是对项目所进行的详尽、系统、全面的论证，要在准确而有根据的数据基础上，作出多方案，反复进行比较、分析，还要作各种设想，并作出与设想相应的答案。详细可行性研究并不是目的，而是为了达到决策项目的手段。对项目所需投资和生产费用的计算，误差允许在±10%范围内。

需要说明的是，机会研究、初步可行性研究和详细可行性研究三者并不存在必然的因果关系，主要是根据研究的深入程度和粗细程度划分的，而不是实际工作阶段的顺序。实际工作中，根据项目规模大小和繁简程度，可实行三阶段研究，也可实行两阶段或一阶段研究，但详细可行性研究是不可缺少的。在实行三阶段研究时，若在机会研究后，项目决策尚在两可之间，就必须进行初步可行性研究；若已有足够的数据可供决策，就可直接进入详细可行性研究阶段。改扩建工程一般不作机会研究，只作初步和详细研究。小项目和简单项目，则只做详细可行性研究。

4. 项目评价与决策

对详细可行性研究所提供的方案进行综合分析和评价，提出结论性的意见，并写出评价报告。对结论的内容而言，可能是推荐一个最优方案，也可能是提出两个或两个以上供选方案备选，还有可能得出"不可行"的结果。但无论结论如何，都为决策者提供了可靠的依据。

可行性研究各工作阶段的目的、任务、要求、费用和工作时间各不相同。各工作阶段对比如表2-1。

表 2-1   可行性研究各工作阶段的比较

工作阶段	目的、任务	估算精度（%）	研究费用占投资的百分比（%）	需要时间（月）
机会研究	选择项目，寻求投资机会，包括地区、行业、资源和项目的机会研究	±30	0.2～1.0	1
初步可行性研究	对项目初步估价，作专题辅助研究，广泛分析、筛选方案，避免下一步做虚功	±20	0.25～1.25	1～3
详细可行性研究	对项目进行深入细致的技术经济论证，重点是财务分析和经济评价，需作多方案比选，提出结论性报告，是关键步骤	±10	大项目 0.8～1.0 小项目 1.0～3.0	3～6 或更长
评价与决策	对可行性研究报告提出评价报告，最终决策	±10	—	1～3 或更长

2.2.4 可行性研究的步骤

建设项目可行性研究的步骤如下。

（1）做好筹划准备工作。当项目建议书经有关单位评定同意后，建设投资单位委托有关设计咨询公司着手进行可行性研究工作，并应在双方签订的合同中规定研究工作范围、前提条件、进度安排、协作方式、费用及其支付办法等内容。承担单位在接受任务委托时需获得项目建议书和有关指示文件，了解建设项目的范围要求，摸清委托单位对项目建设的意图和要求，同时收集与项目有关的基础资料和基本参数、指标、规范、标准等基准依据。

（2）进行调查研究。为进一步明确拟建项目建设的必要性和可行性，要进行调查研究工作。了解自然、社会、经济等方面的状况，为进行可行性研究提供确切的技术经济分析资料。

（3）做好方案选择和优化。在收集了一定的基础资料和基准数据的基础上，建立集中可供选择的建设方案和技术方案，进行多次反复的方案比较和评价，会同委托部门明确选择方案的重大原则问题，从中选择或推荐某个最佳方案，研究证明建设项目在技术上的可能性，并进一步论证工程规模等。

（4）进行财务分析和经济评价。对所选择的最优方案进行详细的财务分析和经济评价。从计算项目的建设投资与生产成本和销售收入估算入手，进行投资效果的技术经济分析，进一步研究项目的建设方案在经济上的合理性，并提出资金筹措意见，制定项目实施的总进度计划。

（5）完成可行性研究报告的编制。在方案技术经济论证的基础上，编制详细的可行性研究报告，可推荐一个以上项目建设的可行性方案和实施计划，提出结论性意见和重大措施的建议，供有关部门决策。

第3章 水利工程经济的基本概念

3.1 价 值 和 价 格

3.1.1 价值

商品的价值是由生产该商品的社会必要劳动时间决定的，是商品交换的共同基础。产品价值 W 等于生产过程中被消耗的生产资料的价值 C、必要劳动价值 V 和剩余劳动价值 M 三者之和，可用式（3-1）表示。

$$W = C + V + M \tag{3-1}$$

式中　C——消耗的生产资料价值，即转移到产品中的物化劳动的价值，其中包括建筑物和机电设备等固定资产的消耗和原材料、燃料等的消耗；

　　　V——必要劳动价值，是指劳动者及其家属所必需的为补偿劳动力所消耗的生活资料费用，也就是支付给劳动者的工资（在财务核算中为生产运行费用的另一部分）；

　　　M——在社会主义所有制情况下为全社会所创造的价值，也就是企业上缴国家的利润，以及企业留存利润中用于扩大再生产的那部分资金。

C 和 V 两者之和就是产品的成本 F；而 V 和 M 两者之和，就是新创造的产品价值，也就是国民收入或净产值 N。

我们经常所说的国民生产总值 E，按照世界上一些国家的计算方法来看，是由三个部分构成：①国民收入 N，即工业、农业、建筑业、交通运输业和商业等物质生产部门的净产值；②纯收入 P，即银行、保险、旅游等非物质生产部门的纯收入；③固定资产折旧费 Q。即

$$E = N + P + Q \tag{3-2}$$

一个时期以来，不少国家用美元计算国民生产总值，并以其多少来衡量一个国家现代化的程度和经济发展水平。按人口平均的国民生产总值，是当今世界上流行的一种衡量一个国家或一个地区的生产水平和生活水平的方法。

3.1.2 价格

价格是商品价值的货币表现形式，是商品与货币的交换比率。价格以价值为基础，但产品的市场价格受供求关系的影响，经常围绕着价值而自发地上下波动。当供大于求时，价格低于价值；反之则高于价值。显然，供求不一致时，产品的价值和价格是不一致的。但这种价值和价格的背离，并不否定价格以价值为基础。此外，价格的变化还与货币本身价值的变动有关。

根据商品在生产和流通领域阶段不同和定价目的不同，商品价格种类很多，如：理论价格、计划价格、市场实际价格、政策价格、调拨价格、议价、出厂价格、国际市场价

格、离岸价格（FOB）、到岸价格（CIF）、不变价格、浮动价格、批发价格、零售价格、定购价格、超购价格等。但概括起来可将其分为现行价格、不变价格和影子价格三种类型。

1. 现行价格

现行价格是指现实经济生活中正在执行着的各种类型的计划价格和市场价格，用现行价格计算的总产值、净产值和利润等指标，可以反映企业和整个国民经济的现实经营成果，当对水利工程进行财务评价时应采用现行价格。

2. 不变价格

不变价格又称固定价格或可比价格，是相对于现行价格而言的，是国家统一规定的计算某个时期总产值和有关经济指标的价格。在计划和统计工作中，采用不变价格，可消除各时期价格变动的影响，便于正确比较不同时期的生产和经济水平、计算年增长率和平均增长速度等统计指标，以保证各项资料的可比性。新中国成立后，国家统计局曾先后 6 次制定了全国统一的产品不变价格。如：从 1949～1957 年统一采用 1952 年的不变价格，从 1958～1970 年统一采用 1957 年不变价格，从 1971～1980 年统一采用 1970 年不变价格，从 1981～1990 年统一采用 1980 年不变价格，1991～2000 年采用 1990 年统一不变价格，从 2001 年开始采用 2000 年不变价格。

3. 影子价格

影子价格亦称"预测价格"、"最优计划价格"、"隐涵价格"。是由国家有关部门组织测定、并定期调整发布、用于对各类建设项目进行国民经济评价计算的价格（应注意：不同时期影子价格是不同的，但在一定时期内，影子价格又是不变的）。它是在最优的社会生产组织和充分发挥价值规律作用条件下，供求达到平衡时的价格。它能更好地反映产品的价值、市场供求情况及资源稀缺程度，并能使资源配置更趋于优化合理。正因为该价格能真实反映产品的价值，就好像产品价值的影子，故取名影子价格。理论上讲，影子价格是运用系统工程的线性规划方法计算出来的。但实际上在求影子价格时，常把商品划分为外贸货物、非外贸货物和特殊货物三种。对外贸货物一般采用国际市场价格计算，出口货物以离岸价格为基础计算货物的影子价格，进口货物以到岸价格为基础确定影子价格。对非外贸货物则采用成本分解法确定影子价格。对特殊货物如劳动力、土地等，若为产品的投入物，则按其机会成本计算；若为产出物，则可根据消费者意愿支付的价格确定影子价格，但无论是机会成本法或消费者意愿支付法，都必须对市场和消费者进行调查，倘若调查的资料精度不高，则由此计算出的影子价格的准确性也就较差。

在建设项目的经济评价中，影子价格、影子汇率、影子工资等都是重要的参数，为了便于应用，国家发改委对许多重要货物都已制定了影子价格，供对各类建设项目进行经济评价时采用。由于影子价格是由国家发改委定期调整发布，不同时期影子价格不同，所以在应用时应特别注意采用当时时期的影子价格。

3.1.3　机会成本

当有限资源用作某种用途因而失去潜在的利益或者为了完成某项任务而放弃了完成其他任务所造成的损失，均称为机会成本。机会成本也叫"择一成本"、"机会费用"。例如，某工程单位在甲、乙两个生产方案中优选一个方案。甲方案预计收入为 100 万元，成本为

70 万元，利润为 30 万元；乙方案预计收入为 120 万元，成本为 80 万元，利润为 40 万元。当只能选择其中一个方案并优选乙方案时，甲方案的利润 30 万元，即构成乙方案的机会成本。再如：某水库可以向工业部门供水，也可以向农业部门供水，但总的供水量是有限度的，如果必须增加向工业部门的供水量，就必须减少农业供水量，则相应减少的农业收益及其受到的损失，就是增加工业供水量的机会成本；若采用替代措施，如开发地下水资源，则开发地下水资源而额外增加的费用，也可认为是所增加工业供水量的机会成本。

土地、劳动力的影子价格通常以机会成本表示。如某建设项目需使用劳动力，其机会成本的大小取决于该劳动力再用于本项目之前可能创造的最大社会净效益。若劳动力来自失业者，可认为其机会成本等于零；若劳动力来自其他企业，则由于劳动力的转移而使原企业损失的效益就是该劳动力的机会成本。

3.2 固定资产及折旧费

3.2.1 固定资产投资

1. 固定资产

固定资产主要是指企业所拥有的能多次使用而不改变其形态，仅将其价值逐渐转移到所生产产品中去的各种劳动手段和劳动资料，一般必须同时具备两个条件：①使用年限在一年以上；②单位价值在规定限额以上（规定限额因行业不同而不同，根据有关财务规定确定）。如在生产过程中所使用的机器设备、厂房及水利工程中的各种水工建筑物等，均为固定资产。有些劳动手段虽然能多次使用但不具备上述两个条件之一者，称为低值易耗品。如某些生产工具等。对于非企业单位，凡能供长期使用并不改变原有实物形态的资产，习惯上也称为固定资产，如机关或事业单位的房屋、建筑物和各项设备等。在生产过程中，固定资产虽能保持原来的实物形态，但其价值逐年减少，随磨损程度以折旧形式逐渐地转移到产品（水利水电工程的产品是水和电）成本中去，并随着产品的销售而逐渐地获得补偿。因此在使用过程中，固定资产一方面实物形态价值逐年减少，另一方面以折旧基金形式积累的价值逐年增加，直到固定资产达到经济寿命，此时所积累的全部折旧基金可用来更新固定资产，如此往复循环使用，其周转期与经济寿命相同。

2. 固定资产投资

固定资产投资也称基本建设投资，是指建设项目自前期工作开始至建成投产达到设计效益时所需投入的全部基本建设资金，包括国家、集体和个人以各种方式投入的折资。水利建设项目固定资产投资包括：

（1）建筑工程投资。包括水工建筑物和土建工程。如水库工程的大坝、溢洪道；水电站的厂房；灌溉工程的渠道、渠系建筑物；治涝工程的排水沟渠、管道；防洪工程的堤防、涵闸；航运工程的船闸、码头等的建设费用。

（2）机电设备及安装工程投资。包括水轮发电机、水轮机、水泵等机电设备购置费、运杂费和安装费。

（3）金属结构设备及安装工程投资。包括金属结构设备如闸门及启闭设备、金属结构设备安装、压力钢管制作及安装等金属结构的购置费、制作费、运杂费和安装费等。

（4）临时工程投资。包括为施工服务的临时工程投资（如施工导流工程、施工交通工程、施工临时房屋建筑工程、施工场外供电线路工程）和其他临时工程投资等。

（5）建设占地及水库淹没处理补偿费。包括移民费、水库淹没土地、房屋建筑、工矿企业、公路、铁路等的迁建补偿费等。

（6）其他费用。①建设管理费（包括工资、办公费、差旅费、固定资产使用费、工具使用费、劳动保护费、检验试验费、警卫消防费等）；②生产准备费（包括职工培训费、工器具、备品备件购置费、试验运转费等）；③科研勘测费（包括科研、试验、勘察、规划、设计费等）；④其他，如环境保护费、库底清理费、库渠防护费等。

（7）预备费。包括基本预备费和价差预备费。基本预备费一般可按以上六大部分投资之和乘以基本预备费率计算；价差预备费应根据预测的物价上涨指数计算。基本预备费率和物价上涨指数按有关规定采用。

3. 固定资产净投资

固定资产净投资又称为固定资产造价，是构成工程固定资产和流动资产的价值。数值上等于投资中扣除净回收余额、应核销投资和转移投资后的剩余部分。

（1）净回收余额。指施工期末可回收的残值扣除清理处置费后的余值。水利工程可回收的残值分为两部分：一是临时工程残值；二是施工机械和设备的残值。

（2）应核销投资。如职工培训费、施工单位转移费、子弟学校经费、劳保支出、停缓建工程的维修费等。

（3）转移投资。水利工程完建后移交给其他部门或地方使用的工程设施的投资。如铁路专用线、永久性桥梁、码头及专用的电缆、电线等投资。

固定资产造价与投资的比值称为固定资产形成率。水利水电工程的固定资产形成率一般为 0.80～0.90 左右。

3.2.2　固定资产原值、净值和重置价值

（1）固定资产原值。固定资产原值是指固定资产净投资与建设期内贷款利息之和，可用式（3-3）表示。

$$固定资产原值 = 固定资产投资 \times 固定资产形成率 + 建设期贷款利息 \qquad (3-3)$$

（2）固定资产的净值。是指固定资产原值减去历年已提取折旧累计值后的余额。也称为固定资产的账面价值。

（3）固定资产的重置价值。"重置价值"是"固定资产完全重置价值"的简称，指估计在某一日期重新建造或购置或安装同样的全新固定资产所需的全部支出，包括造价、买价、运输费、安装调试费和其他有关支出。固定资产重置价值需要通过价值评估确定。在评估时应同时考虑由于通货膨胀、价格上涨使固定资产的账面价值提高；也应考虑由于技术进步、劳动生产率提高有可能使一部分固定资产价值降低。

3.2.3　固定资产年折旧费及其计算方法

1. 固定资产年折旧费的概念

固定资产在使用过程中，虽然实物形态不变，但在生产过程中被长期使用，其价值按照磨损程度逐渐转移到产品中去了，为了保证再生产的顺利进行或者说保证固定资产价值

变化的连续性，必须把固定资产转移到产品中去的那部分价值从销售产品的收入中取得补偿，通常称之为折旧。为此，固定资产年折旧费的定义可表述为：固定资产年折旧费是每年从产品销售收入中所提取的用于补偿固定资产价值磨损的那部分资金。

2. 固定资产年折旧费的计算方法

固定资产折旧的计算方法基本分为两类，一类是平均折旧法；另一类是加速折旧法。

（1）平均折旧法。平均折旧法是按照某种标志均衡提取折旧的方法。具体又分为平均年限法和工作量法。

1）平均年限法。平均年限法是按固定资产使用年限平均计算折旧的方法，又称为直线法。按平均年限法计算，固定资产年折旧费的计算公式为：

$$年折旧额 = \frac{固定资产原值 - 预计净残值}{固定资产预计使用年限（即折旧年限）} \qquad (3-4)$$

$$年折旧率 = 年折旧额 / 固定资产原值 \qquad (3-5)$$

净残值按固定资产原值的 3%～5%确定。净残值率低于 3%或者高于 5%的，由企业自行确定，并报主管财政机关备案。

企业固定资产折旧一般采用平均年限法。

【例 3-1】 有一台喷灌机，价值 50000 元，折旧年限为 6 年，6 年后的净残值 4400元，试计算每年的折旧费和年折旧率。

解 根据式（3-4），式（3-5）得：

$$年折旧费 = \frac{固定资产原值 - 预计净残值}{预计使用年限} = \frac{50000 - 4400}{6} = 7600（元）$$

$$年折旧率 = 年折旧额 / 固定资产原值 = 7600/50000 = 15.2\%$$

2）工作量法。工作量法是按照固定资产所完成的工作量计算折旧的方法。工作量法主要是为了弥补平均年限法只重视使用时间，不考虑使用强度的缺点，对某些生产设备或运输设备采用的一种折旧方法。其特点是将折旧视为随固定资产使用程度而成正比增减的变动费用。其计算公式如下：

按行驶里程计算折旧的公式为

$$单位里程折旧额 = \frac{固定资产原值 - 预计净残值}{总行驶里程} \qquad (3-6)$$

$$年折旧额 = 单位里程折旧额 \times 年行驶里程 \qquad (3-7)$$

按工作小时计算折旧的公式为

$$每工作小时折旧额 = \frac{固定资产原值 - 预计净残值}{总工作小时} \qquad (3-8)$$

$$年折旧额 = 每工作小时折旧额 \times 年工作小时 \qquad (3-9)$$

按台班计算折旧的公式为

$$每台班折旧额 = \frac{固定资产原值 - 预计净残值}{工作总台班数} \qquad (3-10)$$

$$年折旧额 = 每台班折旧额 \times 年工作台班数 \qquad (3-11)$$

上述三种具体方法都表明：在工作量法下，首先需要预计固定资产在其预计有效使用年限内以工作量表示的总效用，然后据以确定每单位工作量上的折旧额。可见，工作量法是以固定资产预定工作总量来表示其耐用期限的，应提折旧总额按预定工作量进行平均计提，所以它也是一种平均折旧方法。

【例 3 - 2】　有一大型施工机械，价值 245000 元，估计耐用总时数为 8000h，第一年至第四年分别使用了 2200、2500、2000、1300h，预计净残值为 5000 元，试计算每使用 1h 的折旧费和各年折旧费用。

解　每使用 1h 的折旧费为

$$\frac{245000 - 5000}{8000} = 30(元/h)$$

各年折旧费计算如表 3 - 1 所示。

表 3 - 1　　　　　　　　　　　　折旧计算表（工作量法）

使用年限（年）	折旧费用（元）	累计折旧金额（元）	账面价值（元）
1	66000 （2200×30＝66000）	66000	245000 179000
2	75000 （25000×30＝75000）	141000	104000
3	60000 （2000×30＝60000）	201000	44000
4	39000 （1300×30＝39000）	240000	5000

工作量法较适合于那些在不同期间负荷很不均衡固定资产的折旧计算。同时，由于只考虑了有形磨损而未考虑无形损耗，所以只适用于负荷不均衡且损耗形式主要与负荷有关的以有形损耗为主的一些固定资产。如企业专用车队的客、货运汽车，大型施工机械和设备等。

（2）加速折旧法。加速折旧法又称递减折旧法，是指各期计提的固定资产折旧费用，在使用早期提的多，后期则提得少，从而相对加快折旧的速度，使固定资产的成本在有效使用年限中加快得到补偿的一种折旧计算方法。加速折旧法主要有固定百分率法、双倍余额递减法和年数总和法。一般在国民经济中具有重要地位、技术进步快的电子生产企业、船舶工业企业、飞机制造企业、化工生产企业、机械制造业企业及其他经财政部门批准的特殊行业的企业，其机器、设备可采用加速折旧法计算折旧额。具体计算方法可参阅有关书籍。

3.3　无形资产和摊销费

3.3.1　无形资产

1. 无形资产的概念

无形资产是能长期使用但没有实物形态的非货币性资产，它包括专利权、商标权、土地使用权、非专利技术、商誉等。实际上，无形资产虽然没有形态，但能为企业或单位在较长时期内取得经济效益，也属于一种非流动性资产。

2. 无形资产的特征

无形资产具有如下特征。

（1）无形资产不具有实物形态。不具有实物形态是无形资产区别于固定资产及其他有形资产的主要标志。需要说明的是，某些无形资产的存在依赖于实物载体。比如，计算机软件需要存储在磁盘中。但这并没有改变无形资产本身不具有实物形态的特性。

（2）无形资产属于非货币性长期资产。需要说明的是，长期待摊费用虽然也属于非货币性长期资产，但它不属于企业为生产商品、提供劳务、出租给他人，或为管理目的而持有的资产，因而不属于无形资产。

（3）持有的主要目的是为企业使用而非出售。企业持有无形资产的目的是用于生产商品或提供劳务、出租给他人，或为企业经营管理服务，而不是为了对外销售。

（4）在创造经济利益方面具有较大不确定性。无形资产创造经济利益的能力较多地受企业内部和外部因素的影响，比如相关新技术更新换代的速度、利用无形资产所生产产品的市场接受程度等。无形资产的这一特性，要求在对无形资产进行核算时持更为谨慎的态度。

3. 无形资产的分类

无形资产可分为可辨认的无形资产和不可辨认的无形资产。可辨认无形资产包括专利权、非专利技术、商标权、著作权、土地使用权、特许权等；不可辨认无形资产是指商誉。

（1）专利权。专利权是指国家专利主管机关依法授予发明创造专利申请人对其发明创造在法定期限内所享有的专有权利，包括发明专利权、实用新型专利权和外观设计专利权。

（2）非专利技术。非专利技术也称专有技术，是指不为外界所知、在生产经营活动中已采用了的、不享有法律保护的各种技术和经验。非专利技术一般包括工业专有技术、商业贸易专有技术、管理专有技术等。非专利技术可以用蓝图、配方、技术记录、操作方法的说明等具体资料表现出来，也可以通过卖方派出技术人员进行指导，或接受买方人员进行技术实习等手段实现。非专利技术具有经济性、机密性和动态性等特点。

（3）商标权。商标是用来辨认特定的商品或劳务的标记。商标权是指专门在某类指定的商品或产品上使用特定的名称或图案的权利。商标权包括独占使用权和禁止权两个方面。独占使用权是指商标享有人在图标的注册范围内独家使用其商标的权利；禁止权指商标权享有人排除和禁止他人对商标独占使用权进行侵犯的权利。

（4）著作权。著作权也称版权，是指作者对其创作的文学、科学和艺术作品依法享有的某些特殊权利。著作权包括两方面的权利，即精神权利（人身权利）和经济权利（财产权利）。前者指作者署名、发表作品、确认作者身份、保护作品的完整性、修改已经发表的作品等项权利，包括发表权、署名权、修改权和保护作品完整权；后者指以出版、表演、广播、展览、录制唱片、摄制影片等方式使用作品以及因授权他人使用作品而获得经济利益的权利。

（5）土地使用权。土地使用权是指国家准许某企业在一定期间内对国有土地享有开发、利用、经营的权利。根据我国土地管理法的规定，我国土地实行公有制，任何单位和个人不得侵占、买卖或者以其他形式非法转让。企业取得土地使用权的方式大致有以下几种：行政划拨取得、外购取得、投资者投入取得等。

（6）特许权。特许权也称经营特许权、专营权，是指企业在某一地区经营或销售某中特定商品的权利或是一家企业接受另一家企业使用其商标、商号、技术秘密等权利。前者一般是由政府机构授权，准许企业使用或在一定地区享有经营某种业务的特权，如水电、邮电通信等专营权、烟草专卖权等；后者是指企业间依照签定的合同，有限期或无限期使用另一家企业的商标、商号、技术秘密等权利，如连锁店分店使用总店的名称等。

（7）商誉。商誉通常是指企业由于所处的地理位置优越，或由于信誉好而获得了客户的信任，或由于组织得当、生产经营效益高，或由于技术先进、掌握了生产诀窍等原因而形成了无形价值。这种无形价值具体表现在该企业的获利能力超过了一般企业的获利水平。

4. 无形资产的计价

企业取得无形资产一般有三种情况：①从外部购入无形资产，如专利权、商标权等；②接受联营单位投资转入的无形资产，如接受投资取得的土地使用权等；③企业内部自创（或自行开发）的无形资产。依照规定，无形资产应按照取得时的实际成本计价。由于取得无形资产的途径和方式不同，所以无形资产的计价也应分别按不同情况进行处理。

（1）企业购入的无形资产。按实际支付的全部款项计价入账。

（2）企业接受投资者作为资本金或者合作条件投入的无形资产。按照评估确认或者合同、协议约定的金额计价。

（3）企业自行开发并按照法律程序认可的无形资产。按照开发过程中实际支付计价。

（4）企业接受捐赠的无形资产。按照所附单据或者参照同类无形资产的市场价格计价。

3.3.2　无形资产的摊销费

无形资产实际上是没有形体，但能为企业在较长时期内取得经济效益的一种非流动资产，也是无形的固定资产。所以当企业的无形资产计价入账后，根据收益分配原则，应从受益之日起，在一定期限内进行摊销，计入成本，一般采用直线法在规定期限内平均摊销。没有规定期限的，按照不少于 10 年的期限平均摊销。如果无形资产预期不能为企业带来经济利益，从而不再符合无形资产的定义，应按该无形资产的账面价值全部转入当期损益，记入相关期间费用。

一般来说，当存在下列一项或若干项情况时，应当将该项无形资产的账面价值全部转入期间费用。

（1）某项无形资产已被其他新技术等所替代，并且该项无形资产已无使用价值和转让价值。

（2）某项无形资产已超过法律保护期限，并且已不能为企业带来经济利益。

（3）其他足以证明某项无形资产已经丧失了使用价值和转让价值的情形。

3.4 流动资金及年运行费

3.4.1 流动资金和年运行费的概念

1. 流动资金

流动资金是为维持项目正常运行所需的全部周转资金。是企业进行生产和经营活动的必要条件，作为一个建设项目建成投入运行时，必须垫付一定的资金用于购置材料、燃料、备品、备件和支付职工工资等开支才能进行正常生产，这些垫付的资金称为流动资金。通过投入生产，经过加工，制成产品，通过销售，收回货币。流动资金的特点是在生产过程中处于不断的运动（周转）之中，一般情况下，其价值一次转移并随着产品销售的实现，被耗用的价值一次得到补偿。垫底流动资金投入生产之后，尽管不断周转，但不能收回，只要项目继续进行生产运行，这部分流动资金就被长期占用下去。简单地说，流动资金周转和循环的过程是：

货币资金—生产资金—成品资金—货币资金。

资金运动在某种程度上反映着社会再生产过程的物资运动，即反映材料的供应和储备、产品的生产和建造、竣工工程的验收和结算等整个过程。因此流动资金循环状况直接反映资金运用的好坏，同时也是评价企业整个经济活动状况的一个重要指标。

2. 年运行费

年运行费即年经营费，是水利水电工程经济评价中常用的一个重要经济指标。它是指水利建设项目竣工投产后，在正常运行期（生产期）间每年需要支出的各种经常性费用。有些项目如《水利产业政策》中规定的甲类项目，在建成后的生产运行过程中，每年所需要的各项开支，并不能从产品或提供服务的销售收入中得到补偿，必须通过一定渠道对项目运行所需的各项支出进行补充，才能维持项目的正常运转。

3.4.2 年运行费的组成及估算方法

年运行费主要包括工资及福利费、材料、燃料及动力费、维修养护费、大修理费、管理费和其他费用。其估算办法视各自具体情况而定。

1. 工资及福利费

指水利工程设施在运行中所需生产及管理人员的工资、奖金、津贴和各种补贴、福利费等。

2. 材料、燃料及动力费

燃料动力费指水利工程设施在运行管理中所耗用的各种材料以及煤、油、电、水等各项费用，其消耗指标与各年实际的运行情况有关，可参照类似工程设施的实际运行资料分析确定，也可根据规划设计资料按其年均值采用。

3. 维修养护费

指水利工程设施各类建筑物和设备的日常性养护、维修、岁修等项费用，其费用大小与建筑物和设备的规模、类型、质量等因素有关，一般是参照类似已建成项目实际资料分析确定，也可按工程投资的某一百分数计算。

4. 大修理费

指工程设施及设备进行大修理所需的费用。大修理是对固定资产的主要组成部分或损耗部分进行彻底地检修并更换某些部件，其目的是恢复固定资产的原有性能。每次大修的时间长，费用大，甚至要停产一段时间，因此大修理每隔几年才进行一次。为简化计算，可将使用期内的大修理费用总额平均分摊到各年，作为年运行费的一部分，每年可按一定的大修理费率提取，年大修理费率和年大修理费可用以下表达式计算。

$$年大修理费率 = \frac{在使用年限内预计大修理费用总额}{固定资产原值 \times 使用年限} \times 100\% \qquad (3-12)$$

$$年大修理费 = 年大修费率 \times 固定资产原值 \qquad (3-13)$$

大修费率也可参照水利工程固定资产基本折旧和大修费相关规定来确定。

每年提取的大修理费积累几年后集中使用。

5. 管理费及其他费用

指管理机构的行政费用以及其他费用。工程在运行管理时期，必须进行观测、试验和研究工作，为了消除或减轻项目所带来的不利影响每年所需的补救措施费用，如清淤、冲淤、排水、治碱等；为扶持移民的生产和生活每年所需的补救措施费用，当遭遇超过移民征地标准的水情时所需支付的救灾或赔偿费用，其他需要经常性开支的费用等。为此应列出专门费用，保证上述工作的正常进行。对于行政管理费，可根据有关规定或参照类似工程的实际开支费用分析确定。

年运行费可按上述各分项进行合并计算，也可按项目总成本费用扣除折旧费、摊销费和利息净支出后计算。进行国民经济评价时，年运行费的各支出项目应按影子价格计算。进行财务评价时，以上各项费用的现金支出应按市场实际价格计算，另外还需计入税金和保险费的财务支出等费用。

3.4.3　年费用

在水利建设项目经济评价中，费用一般指工程项目建设及运行（生产）所发生的支出，可以简单地说，费用是投资和运行费两项之和。这一费用可以用经济分析期内的总值来表示，称为总费用。当用折算成每年支出的费用来表示时，称为年费用。

在静态经济评价中，由于不考虑资金时间价值，年费用可表示为：

$$年费用 = 年基本折旧费 + 年运行费$$

在动态经济评价中，计入资金时间价值后，其年费用可表示为：

$$年费用 = 折算年投资 + 年运行费$$

$$折算年投资 = 折算到基准年的各年投资之和 \times 资金年回收因子$$

式中资金年回收因子又称为资金回收系数，也称本利年摊还因子；年折算投资又称资金年回收值，也称本利年摊还值。

3.5　工　程　效　益

3.5.1　工程效益的概念

工程效益有狭义和广义之分，广义的工程效益是指工程建成投入管理运行后，为社会或国家所带来的有利影响和好处,包括经济方面的和非经济方面的。狭义的工程效益是指工程建成投入运行后,给国家或财务核算单位增加的经济收入或减免的灾害损失,即经济效益,包括直接经济效益和间接经济效益。当然,兴建水利工程也会带来一些不利的影响。因此在进行工程评价时,既要看到有利的一面,也要看到不利的一面,既要进行经济方面的评价,也要进行非经济方面的评价(包括社会评价、生态环境评价等),应以辩证唯物主义的观点对工程进行客观正确地评价。

3.5.2 工程效益的分类

工程效益的分类方法有很多种,从不同的角度分析,有不同的分类。

1. 按效益的性质分

(1) 经济效益。经济效益指修建水利工程后,给国家或财务核算单位增加的经济收入或减免的灾害损失,包括直接的和间接的经济效益。

(2) 社会效益。社会效益指工程的兴建,对工农业各部门发展的促进,增加社会就业机会,缩小地区之间经济发展和人民收入水平的差别;改善城乡饮水条件,减少各种传染病和地方病的发生,有利于提高人民的健康水平;发展小水电可促进山区农村文化、卫生等事业的发展等。

(3) 生态环境效益。生态环境效益指水利工程兴建后,对生态环境带来的有利影响。例如,可开辟扩大风景游览区;调节改善小气候;有利于野生禽类的栖息和林草植被的发展等。

(4) 政治效益。兴修水利可提高农村和少数民族地区人民的生活水平,有利于巩固社会主义制度和民族团结;在邻近国境地区兴修水利,向邻国供水、供电或在国际河流上与邻国共同开发水资源,有利于改善与邻国的友好关系等。

2. 按效益发生的时序分

(1) 直接效益。直接效益指修建水利工程后,给国家或当地增加的直接经济收入或减免的灾害损失。如水费收入、电费收入以及其他经营收入、减少的洪灾损失和涝灾损失等。

(2) 间接效益。间接效益指修建水利工程后,给国家或当地带来的间接好处。例如由于水利水电工程向城市及工矿企业供水、供电促进了国民经济各部门的发展及人民物质、文化生活水平的提高,国家增加的税收和减少对该地区的补贴、救济支出,以及对社会、生态环境、政治等方面带来的有利影响等。

3. 按效益的形态分

(1) 有形效益。有形效益指能定量的,可用实物指标或货币指标表示的效益。如修建水库利用水力发电,每年发电量可达数亿或数十亿千瓦时,每年可收入电费数千万元或数亿元人民币,这都是有形效益。

(2) 无形效益。无形效益指不易定量的,不能用实物或货币数量表示,只能用文字加以描述的效益。如修建水库,美化了周围环境,改善了小气候,有益于居民的身心健康,避免了洪水灾害,减少了洪水灾害给人民带来的痛苦等都是无形效益。

4. 按经济评价角度的不同分

(1) 国民经济效益(宏观效益)。国民经济效益指修建水利工程后,对全社会各个国民经济部门增加的或减免的、经济的和非经济的收益,它包括直接的和间接的经济效益,以及对社会、生态环境、政治等方面带来的有利影响。

（2）财务效益（微观效益）。财务效益指工程本身通过经营管理销售水产品所获得的收入。如供水和水力发电的水费、电费收入。

应注意的是，由于水利行业的特殊性，并非是所有水利工程都具有财务效益。有的水利工程不但有较大的国民经济效益，还同时具有显著的财务效益；而有的水利工程只有较大的国民经济效益，但财务效益几乎等于零。如供水工程和水力发电工程可以向城市和工矿企业提供水量和电力，水和电对保证广大居民生活和发展生产极为重要。据估计近几年来，我国由于缺水、缺电每年减少工农业产值高达千亿元，可见供水供电对全社会具有巨大的国民经济效益；另一方面，只要供水、供电工程经营管理得当，所制定的水价和电价比较合理，工程本身也可获得可观的财务效益，扣除成本、税金后尚应获得一定的利润，为扩大再生产创造条件，可见其工程的财务效益也是显著的。再如防洪工程，当遇到设计洪水时，可以保护广大农村和城市居民的生命、财产安全，保障重要工厂企业的安全生产和铁路等部门的安全运输，从而保证国民经济各部门的顺利发展，其国民经济效益是十分明显的。但由于防洪工程的主要任务是除害，减免洪水灾害，工程本身一般得不到财务收入，即工程的财务效益几乎等于零。

此外，工程效益按工程的性质还可划分为：防洪效益、灌溉效益、水力发电效益、城镇供水效益、水产养殖效益、航运效益、旅游效益、水土保持效益、环境保护效益和治涝效益等。

3.5.3　工程效益的特点

由于水利工程效益受许多因素影响，故其效益具有以下基本特性。

1. 时间不同性

水利工程的效益，在其不同的运行时期，效益也不是恒定的，往往随时间推移而变化。有的工程效益是随时间推移而增长的。例如，防洪、治涝工程运行初期，由于防护区经济发展和人民生活水平较低，受到洪、涝灾害损失较小。随着时间的推移，社会经济发展水平的提高，受到同频率的洪、涝灾害，其损失就较大，故防洪、治涝工程效益也就较大。而灌溉工程效益，是随配套工程的进展及灌水技术和管理水平的提高而增加的。与上述相反，有些水利工程由于各种原因其效能将逐年降低，其效益则随时间推移而逐年减少。如水库工程产流区水土流失严重，由于泥沙淤积，有效库容将逐年减少，故其效益也逐年减少。灌排渠沟，如不及时清淤，其效益将逐年减少。水利工程效益在一年内的不同季节也是不同的。例如，供水工程在枯水期和工农业迫切需水季节，单位水量的效益就较大，相反在汛期和非大量需水季节，单位水量的效益就较低。

2. 随机性

由于水利工程的效益直接与降雨量和河川径流量相关，降雨量和径流量具有随机分布的特性，年际间不同频率的降雨和产生的径流变差很大，故其水利工程的效益变幅也很大，具有随机性。例如，对防洪、治涝工程来说，如遇到不超过其设计标准的大水年份，其防洪、治涝效益就较大；如遇一般或小水年份，由于洪、涝水量本来就较小，故其工程效益也就较小。对于灌溉工程来说，遇多雨年份，天然降水多，农作物需补充的水量少，故其灌溉效益就较小，反之则大。水力发电工程规划与灌溉工程相反，丰水年水量多，发电量也多，发电效益就较大，反之则小。因此，水利工程的效益随降雨量和水文现象的随机性而不同。

3. 复杂性

许多水利工程，特别是大中型水利工程，往往具有防洪、治涝、灌溉、发电、城镇供水、航运、水产养殖、旅游、环保等其中的某几项综合效能。各部门对综合利用水利工程的要求和获得的效益是错综复杂的，有时利益是一致的；有时利益是有矛盾的。如水库工程，防洪库容留大些，增加了防洪效益，但由于有效调节库容减少，调节径流的能力降低，供水和发电等兴利效益必然减少。灌溉季节，利用发电尾水进行灌溉，利益是一致的。但在非灌溉季节，发电尾水不能利用，就相应减少了灌溉库容，利益是有矛盾的。一项水利工程的兴建，除了对国民经济各部门的利益必需综合考虑外，还需对其给上、下游，左、右岸带来的效益和损失进行综合研究。如在河流的上游兴建水库工程，库区要受到淹没、浸没损失，但由于水库的调控，削减了洪峰流量，增加了下游枯水期流量，给下游带来一定的效益。若从上游水库直接引用水量过多，必然减少下游引用水量，下游水利工程引用水量将受到影响。因此水利工程的效益是复杂的，各部门或各地区间的效益有时要相互转移，称为效益再分配。

为了较全面、准确地反映一项水利工程的效益，在分析计算时，既要估算不同年份的效益，还要计算其多年平均效益；既要计算某一水平年的效益，还要考虑效益随时间的不同有一个增加或减少的过程；既要估算本工程的直接效益，又要估算工程带来的间接效益和影响。

3.5.4 工程效益指标

水利工程的性质不同，其指标体系是不尽相同的，通常用来描述和表达工程效益的指标有以下三类。

1. 实物效益指标

实物效益指标指用具有使用价值的实物量表示的效益指标。如城镇生活用水的数量；增产粮食等农作物的产量；可增加的发电量等。实物效益指标是计算货币效益指标的依据。实物指标的优点在于能够反映产品的真实价值。

2. 货币效益指标

货币效益指标指用统一的货币单位表示的效益指标。在进行财务评价时，应根据实物效益指标，采用产品的现行市场价格，计算其财务货币效益；进行国民经济评价时，应根据实物效益指标，采用产品的影子价格计算其货币效益。货币效益指标的优点在于能统一用货币数量表示各种效益，便于各部门间或各工程方案间的比较。

3. 水利效能指标

水利效能指标指用水利工程的效能来表示其效益的指标。水利效能指标虽不能给人以直接经济效益的印象，但它由于比较直观、形象，经常在水利工程效益的计算与方案的评价中采用到。不同的水利工程都分别有各自的水利效能指标。比如，防洪工程常见的指标有：防洪面积、防洪标准、调蓄分泄的洪水量等防洪能力指标；灌溉工程常见的指标有：灌溉面积、灌溉保证率、改良盐碱地面积等指标；水力发电工程常见的指标有：装机容量、保证出力等；水产养殖工程常见的指标有：可养水面面积、已养水面面积等。

第4章 资金的时间价值及基本计算公式

4.1 资金的时间价值

4.1.1 资金时间价值的概念

1. 资金时间价值的定义

为了说明资金时间价值的定义，现举例如下：设某人有10万元资金，他将有三种处理方法：①存放在保险柜中；②存入银行或借给他人；③投资：即投入工业生产或商业活动。第一种处理方法：这笔资金的数量不会发生改变，即不能增值，称为资金积压，此人将蒙受损失。第二种处理方法：银行在存款期期满或者借款人在借期期满后，除偿还10万元的"本金"外，还要付给一定的"利息"，假定年利率为10%，在1年后他将获得1万元的利息，从而使资金增加为11万元。第三种处理方法：用这部分资金投入某一生产企业，修建厂房、购置机器设备和原材料、燃料等，然后通过劳动生产出市场需要的各种产品。产品销售所得的收入，扣除各种成本和上缴税金后所得就是利润。假定年利润率为20%，在1年后此人将获得2万元的利润，从而使资金增加为12万元。从以上的例子可以看出，一定数量的资金货币如果作为储藏手段保存起来，则不论经过多长时间，仍为同名义货币，金额不变，只有作为社会生产资金（或资本）参与再生产过程，才会带来利润，得到增值。资金在生产过程中通过一段时间的劳动，可以不断地创造出新的价值，这就是所谓的资金的时间价值。换句话说，资金的时间价值，就是指货币资金在时间推移中，与劳动相结合的增值能力。它是和利息紧密相联，并且由于利息的存在而产生的。资金只有在生产和流通中与劳动相结合，才产生增值。

2. 理解资金时间价值时应该注意的问题

（1）资金的时间价值和由通货膨胀所引起的资金贬值是不同的。通货膨胀是指纸币的发行量超过商品流通中所需要的货币量而引起的货币贬值、物价上涨的状况。通货膨胀是纸币流通条件下特有的一种社会经济现象，而资金的时间价值却是一个永恒的现象。只要生产劳动存在，资金的时间价值就会存在。资金的时间价值是客观存在的，是符合经济规律的，而不是人为的。正确理解货币资金的时间价值，有利于我们从资金运动的时间观念上，即从贷款期和投资周期上选择筹资方式，在资金的使用上合理分配资金，有效地利用资金，减少资金成本，提高资金的利用率。

（2）银行的利率并不完全是资金的时间价值。在上面的例子中，某人如果把资金存入银行，当存款利率为10%，他于存款期末也获得了1万元利息。而银行支付的利息，是对存款者损失代价的一种补偿。银行会把筹集到的闲散资金去进行放贷。显然，银行贷款利率一般大于存款的利率，银行才能在存款人存款期满时付给存款人一定的利息，并且自己也能获得一定收益。而贷款人将资金借走后，一般是用于投资。银行贷款利率一般低于生产企业的资金利润率。所以贷款人在借款期满时，才有能力偿还贷款，并且自己也能获得一部分利润。所以，银行存款的利率一般低于贷款利率，而贷款利率一般又低于生产企业的资金利润率。只要市场有需求，善于经营管理，开办工厂、企业所获得的利润，一般远大于把同等数量的资金存入银行在相同时间内所获得的利息。

资金的时间价值与银行存款的利率都表示货币资金在时间推移中的相对增值能力，都是和利息紧密相联，并由于利息的产生而客观存在的。但是，工程经济计算中考虑资金的时间价值与通货膨胀无关，所以工程经济计算中的利率是指不考虑通货膨胀的情况下，资金的购买力随时间的推移而增值，即工程经济计算中的利率通常不包括通货膨胀的影响；而银行存款的利率是包括通货膨胀的影响的，即当物价波动太大，使投资者的收益受到影响时，国家以保值补贴的方式对存款者给以补偿。

3. 我国水利工程建设中的资金时间价值的考虑情况

在 20 世纪 50～70 年代，我国基本建设所需的资金，均由国家财政部门无偿拨付，工程建成后既不要求主管单位偿还本金，更不要求支付利息。在核定工程的固定资产时，不管建设期（施工期）多长，均不考虑资金的积压损失，即不计算建设期内应支付的利息，这样核定工程的固定资产值偏低。另一方面，不管工程何时投产发挥效益，相同数量的效益，认为其价值不随时间而变化。例如认为今年的发电量 $1kW \cdot h$，价值 0.1 元，到明年、后年甚至数十年后的发电量 $1kW \cdot h$，价值仍为 0.1 元，其对国民经济发展的影响并无差别。在这种不考虑资金时间价值的静态经济思想指导下，工程建设主管者很难千方百计地设法使工程提早投产。现在仍有一些工程的建设期被拖延较久（可能还有其他原因，例如资金缺乏，设计有变化等），或者虽然主体工程已完成，但缺乏配套工程，致使大量资金被积压，工程不能充分发挥效益，使国家蒙受重大经济损失。此外，工程建成后，虽然物价水平逐年上涨，个别年份（例如 1988 年、1989 年）物价上涨率甚至超过 10%，国务院已于 1991 年 11 月以第 91 号令发布了《国有资产评估管理办法》，但仍有很多工程不能及时对其固定资产的重置价值进行评估，致使现在核收的折旧费偏低很多。例如 20 世纪 50～60 年代修建的水电站，当时物价水平较低，单位千瓦装机容量的投资（包括土建部分与机电设备等部分）大约为 600～800 元/kW，到 90 年代综合物价指数比 50 年代大致已翻了两番，现在水电站单位千瓦装机容量的投资一般已超过 3000 元/kW。由前面介绍的水利工程主要技术经济指标中可知，在水电站发电成本中，基本折旧费占其中的一半以上，而每年提存的折旧费，是按水电站当年竣工时核定的固定资产原值的某一折旧率计算出来的，几乎每年提存的折旧费固定不变，但随着时间的推移，固定资产账面价值与实际重置价值两者差距愈来愈大，所以根据上法所推求出来的发电成本一定偏低。

综上所述，无论水利工程在规划、设计、施工及运行管理阶段，无论在计算投资、年运行费、固定资产、流动资产以至核算折旧费、成本、工程经济效益等指标，都应考虑资金的时间价值；尤其建设期和经济寿命（生产期）都比较长的大型水利水电工程，如果采用静态经济分析方法，不考虑资金的时间价值，是不符合客观经济规律的，违反这个不以人们意志转移的客观规律，就要在经济上受到惩罚。

4.1.2　资金时间价值的表现形式

资金时间价值是以利息、利润和收益的形式来反映的，通常以利息和利息率（简称利率）两个指标表示。

1. 利息

广义的理解是借款人因占用借入的资金而向贷款人付出的报酬。在资本主义社会，利息是取得贷款所付出的一部分利润，其来源则是剩余价值的一部分，即是剩余价值的一种转化形式，是衡量资金时间价值的绝对尺度。

在我国，利息是社会国民收入中一个部分的再分配，是国家通过银行，在集体与企业、集体与个人之间调节经济利益和资金余缺的一种手段。通过利息杠杆作用，可以鼓励节约资金，改善经营管理，提高投资经济效果及改善产业结构等。

2. 利率（利息率）

利率是一定时期内的利息与产生这一利息所投入的资金（本金）的比值。利率反映了资金随时间变化的增值率或报酬率，是衡量资金时间价值的相对尺度。当计息周期用年来度量时，通常用百分数（％）来表示。当计息周期用月或日来度量时，常用千分数（‰）来表示。

$$i = L/P \times 100\% \tag{4-1}$$

式中　i——利率；

　　　L——利息；

　　　P——本金。

4.1.3　计算资金时间价值的基本方法

计算资金时间价值的基本方法有两种：单利法与复利法。

1. 单利法

用单利法计算资金的时间价值时仅考虑本金产生的利息，而不考虑利息在下一个计息周期产生的利息。所以，用单利法计算资金的时间价值，当本金和计算期数一定时，利息和利率成正比。

设本金为 P，每一个计息周期的利率为 i，计息期数为 n，每一期末由本金 P 产生的本利和为 F。

第一期末，P 产生的利息为 Pi，第一期末本利和 $F_1 = P + Pi$；

第二期末，P 产生的利息为 $Pi + Pi = 2Pi$，第二期末本利和 $F_2 = P + 2Pi$；

以此类推，第 n 期末 P 产生的利息为 nPi，第 n 期末本利和 $F_n = P + nPi$。

所以第 n 期末本利和为：

$$F = P + nPi \tag{4-2}$$

2. 复利法

用复利法计算资金的时间价值时，不仅要考虑本金产生的利息，而且要考虑利息在下一个计息周期产生的利息，即以本金与各期利息之和为基数逐期计算本利和。

设本金为 P，每一计息周期利率为 i，计算期为 n，每一期末 P 产生的利息为 I，本金与利息之和为 F。

在第一期末，P 产生利息为 Pi，第一期末本利和 $F_1 = P + Pi = P(1+i)$；

到第二期末，第一期的本利和 $P(1+i)$ 为第二期的本金，由第一期末的本利和 $P(1+i)$ 产生的利息 $P(1+i)i$，则到第二期末 P 的本利和为 $F_2 = P(1+i) + P(1+$

i) $i = P (1+i)^2$。

……依此类推，到第 n 期末的本利和

$$F_n = P(1+i)^n \qquad (4-3)$$

到第 n 期末 P 产生的利息

$$I = P(1+i)^n - P \qquad (4-4)$$

4.1.4 名义利率与实际利率

1. 名义利率

名义利率是指当年内计息次数 m 大于 1 时，以单利法计算所得的年利率。

当 $m=2$ 时，第一次计息利息 $I=Pi$；一年后所得利息即第二次计息利息 $I=2Pi$。所以当 $m=2$ 时，年名义利率 $r=2i$。当 $m=3$ 时，即年内计息 3 次，$r=3i$。同理，我们可以得到，当年内计息次数为 m 时，年内每一计息周期的利率为 i_m。名义利率与年内计息次数 m 和年内计息周期的利率之间的关系为：

$$r = m i_m \qquad (4-5)$$

即名义利率 r 是按年内每一计息周期的利率 i_m 与年内计息周期数 m 的乘积来确定的。

2. 实际利率

实际利率（有效利率）是指当年内计息次数大于 1 次时，以复利法计算所得的年利率。

设 $m=2$ 时，$I_2 = P(1+i_m)^2 - P$，则 $m=2$ 时的年实际利率 $i = (1+i_m)^2 - 1$。

同理，$m=3$ 时的年实际利率 $i = (1+i_m)^3 - 1$。

当年内计息次数为 m 时，年内每一计息周期的利率为 i_m，名义利率 i 与年内计息次数 m 和年内计息周期的利率 i_m 之间关系为：

$$i = (1+i_m)^n - 1 \qquad (4-6)$$

即实际利率按年内每一计息周期利率和年内计息次数用复利法计息所得利息与本金的比值。

3. 名义利率与实际利率的关系

依据式（4-5）和式（4-6）：

当 $m=1$ 时，$r=i_m$，$i=i_m$，得 $r=i$；

当 $m=2$ 时，$r=2i_m$，$i=(1+i_m)^2-1=2i_m+i_m^2>r$；

当 $m>2$ 时，可得 $i>r$，且 m 越大，i 与 r 的差距越大。

将式（4-5）变换为 $i_m = \dfrac{r}{m}$ 代入式（4-6）得

$$i = (1 + \frac{r}{m})^m - 1 \qquad (4-7)$$

式中 i——实际利率（有效利率）；

r——名义利率。

当 $m \to \infty$ 时

$$i_{max} = e^r - 1 \qquad (4-8)$$

假定已知本金 P 元，年利率为 i，如果要求在一年内计算利息 m 次，且按复利计算，则 n 年到期后的本利和可按下式计算：

$$F = P \left(1 + \frac{i}{m}\right)^{mn} \qquad (4-9)$$

4.2　资金流程图与计算基准年（点）

4.2.1　资金流程图

1. 资金流程图的意义

通过前面的分析，我们了解到，为了正确进行经济核算，必须考虑资金的时间价值。为此，在工程的建设期（包括投产期）和生产期的各个阶段，要知道资金数量的多少和运用这些资金的具体时间。由于各阶段资金收支情况变化较多，可用资金流程图示意说明。用来表示资金收支多少随时间变化的图形称为资金流程图。

2. 水利工程建设期的资金收支情况

水利工程各年资金的收支情况是比较复杂的，在工程建设期内需要逐年投入资金，但各年投资的数量并不相等，一般规律是建设开始时所需投资较少，后来逐年增多，在建设后期投资又逐渐减少，至基建结束时，由于施工机械及一部分临时建筑物等不再需要，可以按新旧、磨损程度折价售给其他单位，因而尚可回收一部分资金；由于水库建成后是逐渐蓄水的，水利水电工程的机电设备是逐渐安装投入运行的，自第一台机组开始投入运行（或第一部分灌溉面积开始投产）至工程全部建成达到设计效益之前的这个阶段，称为投产期。投产期是建设期的最后一个阶段，也称为初始运行期。在此期内，由于每年不断安装机组，对机组设备进行配套试运行，并有部分土建工程扫尾竣工，因此每年仍需一定的投资。此外，在投产期内每年有部分工程或设备陆续投产，因此，年运行费及年工程效益均逐年增加。当水电站全部机组安装完毕、水库蓄水到达正常状态或由水库供水的灌区全部配套，此时工程即进入正常运行期或正常生产期，简称生产期。在生产期内，虽然每年仍有运行费、还本、付息等费用的支出，但由于工程已全部发挥效益，一般收入大于支出（即效益大于费用）。

3. 水利工程建设过程中资金流程图的绘制

资金流程图一般以横轴表示项目系统，向右为时间顺序方向，纵轴表示现金的数量，以带箭头的短线表示，支出（投入）绘在横轴上方，箭头指向横轴，表示资金投入项目；收入（产出）绘在横轴下方，箭头方向离开横轴，表示项目的产出。时间序号标注在相邻资金发生点之间。根据上述规定，即可作出资金流程图，参阅图4-1。

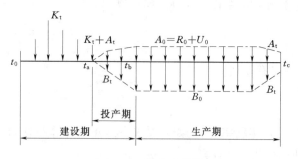

图 4-1　资金流程图

图 4-1 中表示：建设期由 t_0 开始，至 t_a 为止，在此期内，主要支出为投资 K_t。投产

期由 t_a 至 t_b 为止，在此期内，部分工程或部分机组设备陆续投入运行，因而收入逐年增加，但相应支出的年运行费用 u_t 也逐年增加，年效益 B_t 也相应增加。在生产期（t_b 至 t_c）内，由于工程已全部建成，不再投资，一般假设年费用 $A_0 = R_0 + U_0 = $ 常数（R_0 为还本付息费用），年效益 $B_0 = $ 常数。也有一些人认为：在生产期的最后几年，由于部分机组已在投产期内先行投入生产，而各机组的经济寿命均为相同，所以这部分先行投入运行的机组，须相应提前退出运行。因此在生产期的最后几年（其年数等于投产期的年数 $t_b - t_a$），年效益 B_t 与年费用 A_t 均相应逐渐减少。但由于水电站生产期较长，其实无论哪一种假设，经过动态经济分析，两者折现后的计算结果极为接近。

关于生产期 $n = t_c - t_b$ 的年数，一般认为与工程的经济寿命相等。现将各类工程及其设备的经济寿命列于表 4-1，供参考。

表 4-1　　　　　　　　各类工程及设备的经济寿命

工程及设备类别	防洪、治涝工程	灌溉、城镇供水工程	水电站（土建部分）	水电站机组设备	小型水电站	机电排灌站	输变电工程	火电站	核电站
经济寿命（年）	30～50	30～50	40～50	20～25	20	20～25	20～25	20～25	20～25

由表 4-1 可知，对水电站土建部分而言，大型水电站经济寿命为 50 年，中型水电站为 40 年，但机组设备的经济寿命分别为 25 年或 20 年，因此在生产期（t_b 至 t_c）的中间，还要更新机组设备，用新机组替换旧机组。更换机组所需资金的来源为逐年提存的基本折旧费。当生产期结束时，整座水电站到达经济寿命。如果平时养护维修工作较好，大坝等工程质量仍保持在良好状态，只要再次更新机组设备（机组设备投资一般仅占水电站总投资的 1/4 左右），水电站可以继续运行，不过这样土建部分（大坝、溢洪道、发电厂房等）的运行维修费会逐年有所增加。例如我国丰满水电站，于 20 世纪 40 年代初期建成投产，迄今正常运行已达 60 年，估计尚可继续工作。

4.2.2　计算基准年（点）

1. 计算基准年的意义

由于工程建设过程中，资金收入与支出的数量在各个时间均不相同，即使是同一数量的资金，在不同时间的价值也是不同的，因而存在着如何计算资金时间价值的问题。为了评价一项工程或对不同方案进行经济比较，必须有统一的时间比较基础，常需引入计算基准年（点）的概念。即将不同时间的各种费用和效益的收支款额，都折算为同一年某一时点的数值，才能合并和比较，这一年的某一时点称为计算基准点。相当于进行图解计算前首先要确定坐标轴及其原点。

2. 计算基准年（点）的选取

计算基准年（点）理论上可以选择在建设期第一年的年初 t_0，也可以选择在生产期第一年的年初 t_b，甚至可以任意选定某一年作为计算基准年，完全取决于计算习惯与方便，对工程经济评价的结论并无影响。但必须说明的是：计算基准点一经确定，在整个计算过程中不能改变，这样才不会影响综合分析与方案评价的结果。

为统一起见，根据 SL72—94《水利建设项目经济评价规范》规定，资金时间价值的计算基准点，应定在建设期的第一年年初。投入物和产出物除当年借款利息外，均按年末发生和结算。

4.3　基本计算公式

基本计算公式常用符号说明如下。

P——本金或资金的现值，相应于基准点的数值，即 present worth。

F——到期的本利和，称为期值、终值或将来值，即 future worth。

A——等额年值，每年年末的一系列等额数值，即 annualworth。

G——等差系列的相邻级差值，即 gradation。

i——折现率或利率，即 interest。

n——期数，一般以年数计。

4.3.1　一次收付期值公式（由 P 求 F）

已知本金 P，年利率为 i，求 n 年后的期值 F。

第一年末的期值（或称本利和）　　　　$F = P(1+i)$

第二年末的期值　　　　　　　　　　$F = P(1+i)^2$

………

第 n 年末的期值　　　　　　　　　$F = P(1+i)^n$

式中　　$(1+i)^n$——一次收付期值因子（single payment compound amount factor）可缩写成 [SPCAF]，用符号 $[F/P, i, n]$ 表示。

因而，一次收付期值公式为

$$F = P(1+i)^n = P[F/P, i, n] \qquad (4-10)$$

期值的计算相当于银行里的整存整取。资金流程图如图 4-2。

【例 4-1】　已知本金现值 $P = 1000$ 元，年利率 $i = 10\%$，求 10 年后的期值（本利和）为多少？

解　根据式（4-10）

$$F = P(1+i)^n = 1000(1+0.10)^{10}$$
$$= 1000 \times 2.594 = 2594（元）$$

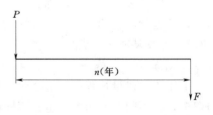

图 4-2　一次收付期值计算

4.3.2　一次收付现值公式（由 F 求 P）

已知 n 年后的期值 F，年利率为 i，求现值 P。

由公式（4-10）可以直接求得一次收付期值公式

$$P = F/(1+i)^n = F[P/F, i, n] \qquad (4-11)$$

式中　　$1/(1+i)^n$——一次收付现值因子（single payment present worth factor）可缩写为 [SPPWF]，用符号 $[P/F, i, n]$ 表示。

资金流程图如图 4-2。

【例 4-2】　已知 10 年后某工程可获利 $F = 1000$ 万元，年利率 $i = 12\%$，问折算为现值 P 为多少钱？

解 根据式（4-11）

$$P = 1000[1/(1+i)^n] = 1000[1/(1+0.12)^{10}]$$
$$= 1000 \times 0.3220 = 322(万元)$$

4.3.3 分期等付期值公式（由 A 求 F）

已知多次支付系列每年年末须储存等额年值 A，年利率为 i，求 n 年后的本利和（期值）F。这个问题相当于银行的零存整取。资金流程图如图 4-3。

由图 4-3 可看出，第一年末的 A 到第 n 年末可得期值 $F_1 = A(1+i)^{n-1}$，第二年末的 A 到第 n 年末可得期值 $F_1 = A(1+i)^{n-2}$，……第 $n-1$ 年的 A 到第 n 年末可得期值 $F_{n-1} = A(1+i)$，第 n 年的 A 到第 n 年末只能得到期值 $F_n = A$，所以到第 n 年末的总期值为

$$F = F_1 + F_2 + F_3 + F_4 + \cdots + F_n$$
$$= A(1+i)^{n-1} + A(1+i)^{n-2} + A(1+i)^{n-3} + A(1+i)^{n-4} + \cdots + A(1+i) + A$$
$$= A\left[\frac{(1+i)^n - 1}{i}\right]$$

所以分期等付期值计算公式为

$$F = A\left[\frac{(1+i)^n - 1}{i}\right] = A[F/A, i, n] \tag{4-12}$$

式中 $\left[\dfrac{(1+i)^n - 1}{i}\right]$——分期等付期值因子（uniform series compound amount factor）

可缩写为 [USCAF]，用符号 $[F/A, i, n]$ 表示。

【例 4-3】 某人于每年年末到银行等额存款 1000 元，年利率 $i = 10\%$，问 10 年后该人一次可从银行取出本利和多少元？

解 已知 $A = 1000$ 元，$i = 10\%$，$n = 10$ 年，由式（4-12）得：

$$F = A\left[\frac{(1+i)^n - 1}{i}\right] = 1000\left[\frac{(1+0.10)^{10} - 1}{i}\right] = 1000 \times 15.937 = 15937(元)$$

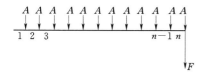

图 4-3　分期等付期值计算

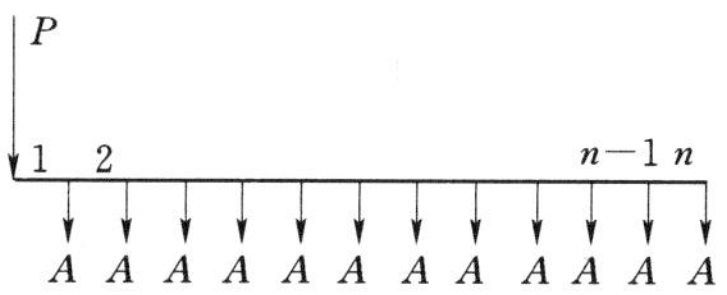

图 4-4　本利摊还计算

4.3.4 基金存储公式（由 F 求 A）

已知：n 年后更新机组设备需费用 F，年利率为 i，为此须在 n 年内每年年末等额提取折旧基金 A。关于 A 值的求算，实际上就是式（4-12）的逆运算，即

$$A = F\left[\frac{i}{(1+i)^n - 1}\right] = F[A/F, i, n] \tag{4-13}$$

式中 $\left[\dfrac{i}{(1+i)^n - 1}\right]$——基金存储因子（single fund deposit factor），可缩写为 [SFDF]，

表示符号为 $[A/F, i, n]$。

资金流程图如图 4-3。

【例 4 - 4】 已知某水电站 25 年后需更新机组设备费 $F=500$ 万元，年利率 $i=10\%$，为此须在它的经济寿命 25 年内每年年末应提取多少基本折旧基金？

解 由式（4 - 13）

$$A = F\left[\frac{i}{(1+i)^n-1}\right] = 500 \times \left[\frac{0.1}{(1+0.1)^{25}-1}\right] = 500 \times 0.01017 = 5.085（万元）$$

4.3.5 本利摊还公式（由 P 求 A）

已知现在借入一笔资金 P，年利率为 i，要求在 n 年内每年年末等额摊还本息 A，保证在 n 年后偿清全部本金和利息。资金流程图如图 4 - 4。

其计算可由公式（4 - 10）和公式（4 - 13）联合求得

$$A = F\left[\frac{i}{(1+i)^n-1}\right] = P(1+i)^n\left[\frac{i}{(1+i)^n-1}\right] = P\left[\frac{i(1+i)^n}{(1+i)^n-1}\right]$$

$$A = P\left[\frac{i(1+i)^n}{(1+i)^n-1}\right] = P[A/P,i,n] \tag{4-14}$$

式中 $\left[\dfrac{i(1+i)^n}{(1+i)^n-1}\right]$——资金回收因子或本利摊还因子（capital recovery factor），可缩写为 [CRF]，用符号 $[A/P, i, n]$ 表示。

【例 4 - 5】 1980 年底借到某工程的建设资金 $P=100$ 亿元，规定于 1981 年起每年年底等额偿还本息 A，于 2000 年底偿清全部本息，按年利率 $i=10\%$ 计息，问 A 为多少？

解 根据式（4 - 14），$n=20$，故

$$A = P[A/P,i,n] = P\left[\frac{i(1+i)^n}{(1+i)^n-1}\right] = 100 \times 10^8\left[\frac{0.1(1+0.1)^{20}}{(1+0.1)^{20}-1}\right]$$
$$= 100 \times 10^8 \times 0.11746 = 11.746（亿元）$$

同上，但要求于 1991 年开始，每年年底等额偿还本息 A'，仍规定在 2000 年底还清全部本息，$i=10\%$，问 A' 为多少？

首先选定 1991 年年初（即 1990 年年底）作为计算基准年（点），则根据一次收付期值公式求出 1991 年初的本利和 P'：

$$P' = P[F/P,i,n] = 100 \times 10^8[(1+i)^{10}] = 259.37（亿元）$$

自 1991 年底开始，至 2010 年底每年等额偿还本息为

$$A' = P'[A/P,0.1,10] = 259.37 \times 0.16275 = 42.212（亿元）$$

顺便指出，本利摊还因子

$$[A/P,i,n] = \frac{i(1+i)^n}{(1+i)^n-1} = \left[\frac{i}{(1+i)^n-1}\right]+i = [A/F,i,n]+i \tag{4-15}$$

式（4 - 15）中的 $[A/F, i, n]$ 就是基金存储因子，i 就是利率。设已知本金现值为 P，则每年还本 $P[A/F, i, n]$ 和付息 Pi，n 年后共计还本息

$$F = \{P[A/F,i,n] + Pi\}[F/A,i,n]$$
$$= P\left[\frac{i}{(1+i)^n-1}\right]\left[\frac{(1+i)^n-1}{i}\right] + Pi\left[\frac{(1+i)^n-1}{i}\right]$$
$$= P + P(1+i)^n - P = P(1+i)^n$$

这相当于 n 年后一次整付本利和 $F = P(1+i)^n$。综上所述，对上述两种情况，1980 年底

借到本金现值 $P=100$ 亿元，偿清这笔债务有三个方案：

（1）1981～2000 年每年年底还本付息 11.746 亿元；

（2）1991～2000 年每年年底还本付息 42.212 亿元；

（3）到 2000 年年底一次偿还本利和 $F=P（1+i)^n=100\times10^8（1+0.1)^{20}=672.75$（亿元）。

这三个偿还方案是等价值的，至于采用哪一个方案须根据协议执行。

同前，若已知该工程于 2000 年底尚可回收残值 $L=10$ 亿元，问从 1981 年起每年年底等额偿还本息 A 为多少？

该工程于 2000 年底一次回收残值 L，相当于 1981～2000 年每年回收资金 $A'=L[A/F，i，n]=L\left[\dfrac{i}{(1+i)^n-1}\right]$；对于 1980 年底所借资金 $P=100$ 亿元，在 1981～2000 年每年应偿还本息 $A''=P[A/P，i，n]=P\left[\dfrac{i(1+i)^n}{(1+i)^n-1}\right]$；两者相减，每年本利摊还值应为

$$A=A''-A'=P\left[\frac{i(1+i)^n}{(1+i)^n-1}\right]-L\left[\frac{i}{(1+i)^n-1}\right]=(P-L)\left[\frac{i(1+i)^n}{(1+i)^n-1}\right]+Li \tag{4-16}$$

将已知值代入，$A=（100-10)\left[\dfrac{0.1（1+0.1)^{20}}{(1+0.1)^{20}-1}\right]+10\times0.1=11.57$（亿元），与不计残值的结果比较，每年本利摊还值仅减少 $\Delta A=11.746-11.57=0.176$（亿元）。

4.3.6 分期等付现值公式（由 A 求 P）

设已知某工程投产后每年年末可获得收益 A，经济寿命为 n 年，问在整个经济寿命期内总收益的现值 P 为多少？

此种问题是已知分期等付年值 A，求现值 P，可以由式（4-14）进行逆运算求得，即

$$P=A\left[\frac{(1+i)^n-1}{i(1+i)^n}\right] \tag{4-17}$$

式中 $\left[\dfrac{(1+i)^n-1}{i(1+i)^n}\right]$——分期等付现值因子（Uniform Series Present Worth Factor），或称等额系列现值因子，可缩写为 [USPWF]，用符号 $[P/A，i，n]$ 表示。

资金流程图如图 4-4。

【例 4-6】 某工程造价折算为现值 $P=5000$ 万元，工程投产后每年年末尚须支付年运行费 $u=100$ 万元，但每年年末可得收益 $b=900$ 万元，已知该工程经济寿命 $n=40$ 年，$i=10\%$，问投资修建该工程是否有利？

解 由式（4-17），可求出该工程在经济寿命期内总收益现值为

$$B=b[P/A,i,n]=900\left[\frac{(1+0.1)^{40}-1}{0.1(1+0.1)^{40}}\right]=900\times9.7791=8801（万元)$$

包括造价和各年运行费在内的总费用现值 $C=P+u[P/A，i，n]=5000+100\times9.7791=5978$（万元），效益费用比 $\dfrac{B}{C}=\dfrac{8801}{5978}=1.47$，因 $B/C>1$，尚属有利。值得注意

41

的是：某些人宣传工程总效益 B 时，常常不考虑资金的时间价值，说什么某工程在经济寿命期内的总效益为 $900 \times 40 = 36000$（万元）$= 3.6$（亿元），这种静态经济计算的观点，容易令人误解。

4.3.7　等差系列折算公式

设有一系列等差收入（或支出）0, G, $2G$, …, $(n-1)G$ 分别对应于时点为第 1, 2, …, n 年末，求该等差系列在第 n 年年末的期值 F、在第一年年初的现值 P 以及相当于等额系列的年摊还值 A。已知年利率为 i。资金流程图如图4-5：

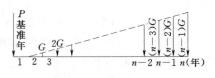

图 4-5　等差系列计算

（1）已知 G，求 F。

由图 4-5 可知，第 n 年年末的期值 F 可用下式计算：

$$F = G(1+i)^{n-2} + 2G(1+i)^{n-3} + \cdots + (n-3)G(1+i)^2 + (n-2)G(1+i) + (n-1)G \tag{1}$$

（1）$\times (1+i)$ 得：

$$F(1+i) = G(1+i)^{n-1} + 2G(1+i)^{n-2} + \cdots + (n-3)G(1+i)^3 + (n-2)G(1+i)^2 + (n-1)G(1+i) \tag{2}$$

式（2）－式（1）得：

$$Fi = G\left[(1+i)^{n-1} + (1+i)^{n-2} + \cdots + (1+i)^3 + (1+i)^2 + (1+i) + 1 - n\right]$$

整理得：
$$F = \frac{G}{i}\left[\frac{(1+i)^n - 1}{i} - n\right] = \frac{G}{i}\left\{[F/A, i, n] - n\right\} \tag{4-18}$$

（2）已知 G，求 P。

由式（4-11），$P = F(1+i)^{-n}$，代入式（4-18），可得：

$$P = \frac{1}{(1+i)^n} \frac{G}{i}\left[\frac{(1+i)^n - 1}{i} - n\right] = \frac{G}{i}\left[\frac{(1+i)^n - 1}{i(1+i)^n} - \frac{n}{(1+i)^n}\right]$$

$$= \frac{G}{i}\left\{[P/A, i, n] - n[P/F, i, n]\right\} = G[P/G, i, n] \tag{4-19}$$

式中　$[P/G, i, n]$——等差系列现值因子。

（3）已知 G，求 A。由式（4-13），$A = F\dfrac{i}{(1+i)^n - 1}$，代入式（4-18），可得：

$$A = \frac{G}{i}\left[\frac{(1+i)^n - 1}{i} - n\right]\left[\frac{i}{(1-i)^n - 1}\right] = G\left[\frac{1}{i} - \frac{n}{(1+i)^n - 1}\right] = G[A/G, i, n] \tag{4-20}$$

式中　$[A/G, i, n]$——等差系列年值因子。

【例 4-7】　设某水电站机组台数较多，投产期长达 10 年。随着水力发电机组容量的逐年增加，电费年收入为一个等差递增系列，$G = 100$ 万元，$i = 10\%$，$n = 10$ 年，求该水电站在投产期内总效益的现值。

解　绘资金流程图如图 4-6 所示。

由于该电站在第一年年末即获得效益 $A = 100$ 万元，这与图 4-5 所示的等差系列模式不同，因此必须把这个等差系列分解为两部分：①$A = 100$ 万元的分期等付系列；

②$G=100$ 万元的等差系列，这样才符合相应公式的资金流程图模式。现分别求这两个系列的现值。

图 4-6 资金流程图

（1）已知 $A=100$ 万元，$n=10$，$i=10\%$，根据式 （4-17）

$$P_1 = A[P/A, i, n] = A\left[\frac{(1+i)^n - 1}{i(1+i)^n}\right]$$

$$= 100 \times 6.1446 = 614.46（万元）$$

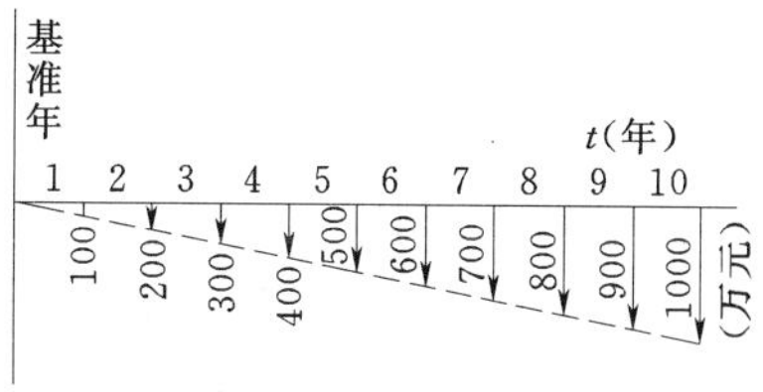

（2）已知 $G=100$ 万元，$n=10$ 年，$i=10\%$，根据式 （4-19）

$$P_2 = \frac{G}{i}\left\{[P/A, i, n] - n[P/F, i, n]\right\}$$

$$= 1000 \times (6.1446 - 10 \times 0.38554) = 2289.2（万元）$$

上述两部分合计总效益的现值

$$P = P_1 + P_2 = 614.46 + 2289.2 = 2903.66（万元）$$

（3）亦可根据下式直接求出 P 值：

$$P = G[P/A,i,n] + \frac{G}{i}\{[P/A,i,n] - n[P/F,i,n]\}$$

$$= G\left[\frac{(1+i)^n-1}{i(1+i)^n}\right] + \frac{G}{i}\left[\frac{(1+i)^n-1}{i(1+i)^n} - \frac{n}{(1+i)^n}\right]$$

$$= 100\left[\frac{(1+0.1)^{10}-1}{0.1(1+0.1)^{10}}\right] + \frac{100}{0.1}\left[\frac{(1+0.1)^{10}-1}{0.1(1+0.1)^{10}} - \frac{10}{(1+0.1)^{10}}\right]$$

$$= 100 \times 6.1446 + 1000 \times 2.2892 = 2903.66（万元）$$

必须注意，在进行等差系列计算时，对于不符合公式的资金流程模式，必须进行数学处理，使其符合相应公式的资金流程模式，否则不能直接应用公式进行计算。

此外，现值 P 总是在第一年年初，期值 F 总是在第 n 年年末，年值 A 总是在各年的年末，否则在计算时应变通使用公式。

4.3.8 等比级数增长系列折算公式

1. 期值 F 的计算公式

图 4-7 表示等比级数增长系列流程图。设每年递增的百分比为 $j\%$，当 $G_1=1$，G_2 $(1+j)$，…，$G_{n-1}(1+j)^{n-2}$，$G_n = (1+j)^{n-1}$。设年利率为 i，则 n 年后的本利和，即期值为：

$$F = (1+j)^{n-1}\left[1 + \frac{(1+i)}{(1+j)} + \cdots + \left(\frac{1+i}{1+j}\right)^{n-1}\right] \tag{4-21}$$

以 $\left(\dfrac{1+i}{1+j}\right)$ 乘式 （4-21），则得：

$$\left(\frac{1+i}{1+j}\right)F = (1+j)^{n-1}\left[\frac{1+i}{1+j} + \left(\frac{1+i}{1+j}\right)^2 + \cdots + \left(\frac{1+i}{1+j}\right)^n\right] \tag{4-22}$$

以式 （4-22）减式 （4-21），则得：

$$\left(\frac{1+i}{1+j}\right)F = (1+j)^{n-1}\left[\left(\frac{1+i}{1+j}\right)^n - 1\right]（当 G_1 = 1） \tag{4-23}$$

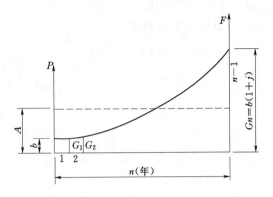

图 4-7　等比级数增长系列计算

即：　　　　　　期值 $F = \dfrac{(1+i)^n - (1+j)^n}{i-j}G_1 = G_1[F/G_1, i, j, n]$　　　　　（4-24）

式中　　$[F/G_1, i, j, n]$——等比级数期值因子。

　　2. 现值 P 的计算公式

　　将 $F = P(1+i)^n$ 代入式（4-24），则得

　　　　　　　　现值 $P = \dfrac{(1+i)^n - (1+j)^n}{(i-j)(1+i)^n}G_1 = G_1[P/G_1, i, j, n]$　　　　　（4-25）

式中　　$[P/G_1, i, j, n]$——等比级数现值因子。

　　3. 年均值 A 的计算公式

　　根据等比增长系列与等额收付系列的转换，将式（4-17）代入式（4-25），则

$$P = A\left[\dfrac{(1+i)^n - 1}{i(1+i)^n}\right] = \dfrac{(1+i)^n - (1+j)^n}{(i-j)(1+i)^n}G_1$$

化简后，得年均值　　$A = \dfrac{i[(1+i)^n - (1+j)^n]}{(i-j)[(1+i)^n - 1]}G_1 = G_1[A/G_1, i, j, n]$　　　（4-26）

式中　　$[A/G_1, i, j, n]$——等比级数年值因子。

　　【例 4-8】　某水利工程于 1991 年投产，该年年底获得年效益 $G_1 = 200$ 万元，以后拟加强经营管理，年效益将以 $j = 5\%$ 的速度按等比级数逐年递增。设年利率 $i = 10\%$，问 2000 年末该工程年效益为多少？在 1991～2000 年的 10 年内总效益现值 P 及其年均值 A 各为多少？

　　解　（1）根据 $G_1 = 200$ 万元及 $j = 5\%$，$n = 10$ 年，预计该工程在 2000 年末的年效益为

$$G_{10} = G_1(1+j)^{n-1} = 200(1+0.05)^9 = 200 \times 1.551 = 310（万元）$$

　　（2）根据式（4-25），该工程在 1991～2000 年的总效益现值为

$$P = \dfrac{(1+i)^n - (1+j)^n}{(i-j)(1+i)^n}G_1 = \dfrac{2.594 - 1.629}{(0.10 - 0.05) \times 2.594} \times 200 = 1488（万元）$$

　　（3）根据式（4-26），该工程在 1991～2000 年的效益年均值为

$$A = \dfrac{i[(1+i)^n - (1+j)^n]}{(i-j)[(1+i)^n - 1]}G_1 = \dfrac{0.1[(1+0.1)^{10} - (1+0.05)^{10}]}{(0.10 - 0.05)[(1+0.1)^{10} - 1]} \times 200 = 242（万元）$$

4.4　经济寿命与计算分析期的确定

4.4.1　经济寿命的确定

根据历史资料统计，水利水电工程的主要建筑物例如大坝、溢洪道等土建工程的实际使用寿命，一般超过 100 年以上，但根据前述方法，水电站（土建部分）的经济寿命一般在 40~50 年左右，即在此经济寿命期内平均年费用最小。

设某水利水电工程在生产期内的年效益等于某一常数 A，当将各年效益折算到基准点（生产期第一年年初）时，其总效益现值的相对值，可用分期等付现值因子 $[P/A, i, n]$ 表示。

随着计算期 n 的增长，当 n 很大时，折现率 i 与计算期 n 之间的关系见表 4-2。

$$\lim_{n \to \infty}[P/A, i, n] = \lim_{n \to \infty} \frac{(1+i)^n - 1}{i(1+i)^n} = \lim_{n \to \infty} \frac{1 - \dfrac{1}{(1+i)^n}}{i} = \frac{1}{i} \qquad (4-27)$$

表 4-2　　　　分期等付现值因子 $[P/A, i, n]$ 与 i、n 之间的关系

i ＼ n	20	30	50	100	∞
0.07	10.594	12.409	13.801	14.269	14.286
0.08	9.8181	11.258	12.233	12.494	12.500
0.10	8.5136	9.4269	9.9148	9.9993	10.000
0.12	7.4695	8.0552	8.3045	8.3332	8.3333

如果某水电工程的经济寿命有较大误差，例如 $n = 50$ 年，当折现报酬率为 0.10 时，寿命期内总效益误差仅为 0.8%，因此当资料精度不足时，不必详细计算经济寿命，参照折现年限即可满足精度。应该指出的是，对于某些机器设备，由于科学技术的迅速发展，为了考虑无形折旧损失，计算分析时经济寿命 n（年）的取值，可以比实际使用寿命缩短更多些。

4.4.2　计算分析期的确定

计算分析期，一般包括建设期与生产期两大部分。建设期包括土建工程的施工期与机电设备的安装期，在建设期的后期，为部分工程或部分机电设备的投产期。直至全部工程与设备达到设计效益，经过验收合格后才算竣工，建设期即告结束，生产期（即正常运行期）正式开始。生产期决定了整体工程的经济寿命。计算分析期等于建设期和生产期两者之和。如某工程生产期为 50 年，建设期为 8 年，则计算分析期就是 58 年。

第5章 国民经济评价方法

5.1 概 述

5.1.1 国民经济评价的目标和任务

1. 国民经济评价的概念

国民经济评价就是从国家整体（宏观）角度，采用影子价格、影子汇率、影子工资和社会折现率等经济参数，分析计算拟建工程项目的全部费用和全部效益（即建设项目需要国民经济付出的全部代价和对国民经济所作的全部贡献），进而考察建设项目对国民经济所作的净贡献，从而评价投资项目的经济合理性和可行性。

2. 国民经济评价的目标

在各种自然资源（水资源、土地等）日益匮乏和社会资源（如资金、劳力等）有限的形势下，国家对每一个大、中型建设项目，不仅要从投资者（企业）的角度进行财务评价，更要从整个国家和社会的角度进行国民经济评价。因此，国民经济评价是水利建设项目经济评价的核心部分。一般要求国民经济评价合理，财务评价可行的项目才能立项。当二者评价的结果相矛盾时，应以国民经济评价的结果作为项目取舍的主要依据。例如，对属于社会公益性质的水利建设项目（防洪、治涝等除害工程），往往国民经济评价合理，而财务评价因无收入或收入很少却不可行。此时，应研究提出维持正常运行需由国家财政补贴的资金数额和需采取的经济优惠政策。

国民经济评价的目的是把有限的资源用于国家最需要的投资项目上，使资源得到合理的优化配置。通过国民经济评价可以起到鼓励或抑制某些行业或项目的发展。例如，国家通过调整社会折现率这一经济评价参数来控制投资总规模，通过调整各种投入物和产出物的影子价格，正确评定一些关系到国计民生的建设项目的经济合理性。

3. 国民经济评价的任务

水利建设项目的国民经济评价通过比较项目的费用和效益，从而计算其对国民经济的净贡献。因此，正确判别和计算建设项目的费用和效益是保证国民经济评价是否合理的前提。

（1）费用。水利建设项目国民经济评价中的费用指的是国家为项目建设和运行投入的全部代价，包括直接费用和间接费用。

直接费用是指用影子价格计算的国家为满足项目需要而付出的各种投入物的经济价值。水利建设项目中的枢纽工程投资、配套工程投资、水库安置补偿投资、更新改造投资、流动资金和年运行费用均为直接费用。

间接费用也称外部费用，是指国民经济为项目建设付出的其他代价，而项目本身并不需要实际支付的费用。例如项目建设引起生态破坏、环境恶化从而给国家和社会造成的损失。

（2）效益。水利建设项目国民经济评价中的效益指的是按有、无项目对比可获得对国民经济的全部贡献，包括直接效益和间接效益。

直接效益是指用影子价格计算的产出物（水利产品和服务）的经济价值。水利建设项目建成后，用影子电价计算的电费收入、用影子水价计算的水费收入、减少的洪灾损失、增产的农林产品的价值、最优等效替代方案的费用等均为直接效益。

间接效益也称外部效益，是指项目为国家和社会带来的其他贡献，而项目本身并未得到的那部分效益。例如，项目的兴建，改善投资环境，促进地区经济的发展；因在上游兴建水利水电工程，增加下游水电站的发电能力等。

（3）转移支付。在判别和计量费用与效益的过程中，会遇到税金、国内借款利息和各种补贴等，均属于国民经济内部的转移支付，并未造成社会资源的消耗或增加，因而进行国民经济评价时，不作为项目的费用和效益。但国外贷款利息的支付，造成国内资源向国外转移，所以应作为项目的费用。

国民经济评价中的效益和费用应尽量用货币表示，对难以用货币计量的效益和费用可采用实物指标，对确实难以定量表示的无形效益和无形费用，应当用文字进行定性描述。同时应遵循效益与费用计算口径一致的原则，使项目的费用和效益能在计算范围、计算内容和价格水平上相一致，以便二者具有可比性。还应注意，若影子价格中已体现了项目的某些外部费用和效益，则计算间接费用和间接效益时，不得重复计算该费用和效益。

5.1.2　工程方案的分类、方案比较的前提和准则

1. 工程方案的分类

（1）单方案。又称为独立方案，单方案的可行性取决于方案自身的经济效果是否达到或超过预定的评价标准（如，$ENPV \geqslant 0$ 或 $EBCR \geqslant 1.0$ 或 $EIRR \geqslant i_s$）。即只要方案满足预定的评价标准，则方案在经济上是可行的，是值得投资的。单方案通常采用净现值法、内部收益率法、效益费用比法、投资收益率法、投资回收期法进行评价。费用现值比较法、费用年值比较法不能用于单方案的评价。

（2）互斥型多方案。不论有无资源约束，在一组方案中，选择其中一个方案则不能选择其他任何方案，则这一组方案为互斥方案。同一工程项目不同开发规模的方案即为典型的互斥方案。对于互斥方案，首先对拟定的各个方案进行技术可行性和经济合理性分析，淘汰那些技术上明显不可行，经济上明显不合理的方案；然后，视项目的具体条件和资源情况，采用净现值法、净年值法、内部收益率法、效益费用比法、增量效益费用比法、差额投资内部收益率法、费用现值法、年费用法、差额投资回收期等评价指标对各方案进行经济上的论证和比较优选。

（3）独立型多方案。指在没有资源约束条件下，在一组方案中，选择其中一个方案并不影响其他方案的选择，则这一组方案为独立型多方案。此类方案的经济评价与单方案相同。若有资源约束，则需要资源在各个独立型方案之间进行组合，以形成互斥方案。

（4）混合型多方案。指在一组方案中，方案之间有些具有互斥关系，有些具有独立关系，则这一组方案为混合型方案。混合型方案的比选根据组合情况的不同而采用不同的评价和优选方法。

2. 工程方案比较的前提

从若干个方案中进行比较优选，应当严格注意各方案的可比性，这是工程方案比较的前提。参与比较的各方案在研究深度、价格水平等方面应具有可比性，其分析计算原则和方法应一致。具体比较的前提有：

（1）满足需要的可比性。即各比较方案在产品（水、电等产品及其他水利服务）的数量、质量、供应的时间、地点和可靠性及对自然资源的合理利用、生态平衡、环保等方面，应同等程度地满足国民经济发展的需要。

（2）满足费用的可比性。即各方案的费用均应包括主体工程和配套工程的投资和年运行费。例如，建水电站和火电站工程方案的比较，水电站方案包括大坝、输水建筑物、水电厂、输变电工程及投入运行后的年运行费用等部分的费用；火电站方案包括火电厂、运煤铁路、输变电工程、煤矿及投入运行后的年运行费用。

（3）满足深度的可比性。即所有参与比较的方案应当在工程的勘测、设计、施工和运行管理等阶段具有相同的研究深度，在投资、年运行费和效益的估算方面，具有大致相当的资料精度和计算精度要求。

（4）满足价值的可比性。即各方案在分析计算各种评价指标时，均应采用国家发改委和建设部同期公布的影子价格、影子工资、影子汇率和同一社会折现率。

（5）满足时间价值的可比性。各比较方案的分析计算期往往不同，各方案费用的发生、效益的产生时间也分布不一致，由于存在资金时间价值，应将各方案不同时间点发生的资金流量采用同一社会折现率折算到同一基准点，求得各方案的总现值（计算期相同时）或年值（计算期不同时）后方可进行比较。

3. 方案比选的准则

对可比方案进行评价和优选，通常采用的比较准则有：

（1）当比较方案的效益相同时，费用最小的为经济上最佳方案。

（2）当比较方案的费用相同时，效益最大的为经济上最有利的方案。

（3）有资金约束时，应考虑相对数指标（如 $EBCR$、$EIRR$）大的方案；若无资金约束，可考虑绝对数指标（如 $ENPV$）大的方案。

5.1.3　静态评价方法与动态评价方法的区别

动态评价方法与静态评价方法的根本区别在于：前者在计算建设项目资金的价值量时，考虑了资金的时间价值；而后者则不考虑资金的时间价值。

动态评价方法认为发生在不同时间的数额相同的资金，其价值量不同。只有采用社会折现率折现后，才能获得不同时期资金的等值。而静态评价方法认为不同时期的资金其价值量是不变的，这种简单理解资金的本质，不能真正反映经济发展的客观规律，其评价结果可能会导致决策失误。因此，对各种建设项目的评价均采用动态方法，考虑建设项目资金的时间价值，并且采用复利法折算资金的时间价值。只有在方案初选或对评价结论要求不高时，为简便起见，才能用静态评价方法。

5.1.4　社会折现率 i_s

社会折现率是建设项目进行国民经济评价的重要参数，表示从国家角度对资金机会成本和资金时间价值的估量。社会折现率的作用有：

（1）作为统一的时间价值标尺，将项目不同时间的资金进行等值计算。如国民经济评价中的经济净现值法、经济净年值法、年费用法、经济效益费用比法等，用其作为折现率，进行资金的折算。

（2）作为经济内部收益率法和差额投资经济内部收益率法的判据，只有 $EIRR \geq i_s$，经济上才是可行的，只有 $\Delta EIRR \geq i_s$ 时，投资现值大的是经济效果好的方案。

社会折现率由国家发改委和建设部联合发布，随着经济和社会的变化定期调整。不同时期社会折现率不同，但在一定时期内又是不变的，故在实际工作中，应当注意引用新调整值。目前，国家规定全国各行业、各地区统一采用 12％ 的社会折现率。考虑到水利建设项目的特殊性，特别是防洪等社会公益性质的建设项目，有些效益难以用货币计算。所以，SL72—94《水利建设项目经济评价规范》规定对属于或兼有社会公益性质的水利建设项目，可同时采用 12％ 和 7％ 的社会折现率进行评价，供项目决策参考。但需要指出的是：现行的社会折现率是原国家计委于 1993 年颁布的《建设项目经济评价方法与参数》（第 2 版）中的规定值，带有一定的计划经济色彩，与我国目前的市场经济体制已不太适应。目前，第三版正在进行修订完善工作，将很快予以发布。

5.2　国民经济评价的动态方法

为分析和评价水利工程经济上的合理性，评价项目的优劣，需计算经济评价指标。《水利建设项目经济评价规范》介绍了国民经济评价的动态指标包括经济内部收益率（$EIRR$）、经济净现值（$ENPV$）、经济效益费用比（$EBCR$）等。

5.2.1　经济净现值（$ENPV$）法

经济净现值是指以社会折现率将项目计算期内各年的净效益折算到计算期初（基准点）的现值之和，或者指以社会折现率 i_s 折算的项目各年效益的现值总和与各年费用的现值总和的差额。相应的表达式为：

$$ENPV = \sum_{t=1}^{n} (B-C)_t (1+i_s)^{-t} \tag{5-1}$$

$$ENPV = \sum_{t=1}^{n} B_t (1+i_s)^{-t} - \sum_{t=1}^{n} C_t (1+t_s)^{-t} \tag{5-2}$$

式中　B——各年的效益（包括直接和间接效益，以及计算期末回收的固定资产余值和回收的流动资金）；

　　　C——各年的费用（包括固定资产投资、流动资金支出、更新改造费和年运行费）；

　　　t——计算期各年的序号，基准点序号为 0；

　　　n——分析计算期（包括建设期和运行期）；

　　　i_s——社会折现率；

$(B-C)_t$——第 t 年的净效益。

经济净现值 $ENPV$ 是反映在整个计算期内工程项目占用投资对国民经济净贡献的绝对数指标。$ENPV>0$，表明国家为拟建项目付出的代价（费用），除得到符合社会折现率的效益外，还可以得到以经济净现值 $ENPV$ 表示的超额效益；$ENPV=0$，表明拟建项目占用投资对国民经济所做的净贡献刚好满足社会折现率的要求；$ENPV<0$，表明拟建项目占用投资对国民经济所作的净贡献达不到社会折现率的要求。一般说来，经济净现值大于或等于零（$ENPV \geqslant 0$）的项目是经济上合理的、可以接受的项目。

对投资额相同的各方案进行比较优选时，$ENPV$ 最大的方案认为是经济上最佳的方案。对投资额不同的方案进行比较优选，还应采用经济效益费用比或经济内部收益率等相对数指标，结合资金情况及对资源开发的要求，选择最适合规模的方案。

【例 5-1】 拟建一水库工程，经初步分析有低坝甲和高坝乙两个互斥方案供比较选择，其经济资金流量如表（5-1）所示，取社会折现率 $i_s = 10\%$，试用经济净现值法对两个方案进行评价和比较。

表 5-1　　　　　　　　甲、乙两个方案的经济资金流程表　　　　　　单位：万元

方 案	项 目	施 工 期			运 行 期（年）			
		1	2	3	4	5	22	23
甲	效益				130	130	…	130	130
	费用： 1. 投资	100	200	100				
	2. 运行费				35	35	…	35	35
	净资金流量	−100	−200	−100	95	95	…	95	95
乙	效益				180	180		180	180
	费用： 1. 投资	100	300	200				
	2. 运行费				50	50	…	50	50
	净资金流量	−100	−300	−200	130	130	…	130	130
乙—甲	差额净资金流量	0	−100	−100	35	35	…	35	35

解 经济计算期 $n = 3+20 = 23$（年），基准点选施工期第一年年初。

（1）甲方案的经济净现值。

$$ENPV_{甲} = \sum_{t=1}^{n} (B-C)_t (1+i_s)^{-t}$$
$$= -100 \times (P/F, 10\%, 1) - 200 \times (P/F, 10\%, 2) - 100$$
$$\times (P/F, 10\%, 3) + (130-35) \times (P/A, 10\%, 20) \times (P/F, 10\%, 3)$$
$$= -(100 \times 0.9091 + 200 \times 0.8264 + 100 \times 0.7513) + 95 \times 8.514 \times 0.7513$$
$$= 276.354（万元）$$

（2）乙方案的经济净现值。

$$ENPV_{乙} = \sum_{t=1}^{n} (B-C)_t (1+i_s)^{-t}$$
$$= -100 \times (P/F, 10\%, 1) - 300 \times (P/F, 10\%, 2) - 200 \times (P/F, 10\%, 3)$$
$$+ (180-50) \times (P/A, 10\%, 20) \times (P/F, 10\%, 3)$$
$$= -(100 \times 0.9091 + 300 \times 0.8264 + 200 \times 0.7513) + 130 \times 8.514 \times 0.7513$$
$$= 340.462（万元）$$

（3）分析评价。甲、乙两方案的经济净现值均大于0，表明两方案在经济上均是可行的。由于乙方案的净现值大于甲方案的净现值，若无资金约束，从对国家净贡献大小考虑，乙方案更有利。当然，具体选定还应结合其他方面的评价进行优选。

经济净现值法的两种特殊情况：

（1）费用现值（PC）比较法。若各比较方案效益相等或相近但难以具体计算，可采用本法，只计算各方案的费用现值，费用现值 PC 较小的方案为经济上较优的方案。

$$PC = \sum_{t=1}^{n} C_t (1+i_s)^{-t} \tag{5-3}$$

（2）效益现值（PB）法。若各比较方案的费用相等或相近但难以具体计算，可采用本法，只计算各方案的经济效益的现值，经济效益现值 PB 较大的方案为经济上较优的方案。

$$PB = \sum_{t=1}^{n} B_t (1+i_s)^{-t} \tag{5-4}$$

以上三个动态评价指标用于方案比较优选时，要求各比较方案的分析计算期应一致，否则，应取各评价指标的年值进行对比。

【例5-2】 某水利工程建设工地，施工道路有三种方案，使用期5年，期末无残值，都能满足施工需要，路面的好坏直接影响车辆使用费，各方案费用估计如表（5-2）所示，$i_s = 10\%$，用现值法比较方案的优劣。

表5-2 各方案的费用估计值 单位：万元

方 案	现 状	改 造（一）	改 造（二）	说 明
初期投资	0	25.00	35.00	改造（二）比
年养路费	5.00	3.00	2.00	改造（一）运
年车辆使用费	80.00	70.00	65.00	距短

解 三个方案的分析计算期均为5年，选第一年初为基准点，三个方案均能满足施工需要，而效益又难以确定，所以可通过计算三个方案的费用现值，比较出优劣。

维持现状方案的费用现值

$$PC_1 = 0 + (80+5) \times (P/A, 10\%, 5)$$
$$= 85 \times 3.791 = 322.24(万元)$$

改造（一）方案的费用现值

$$PC_2 = 25 + (3+70) \times (P/A, 10\%, 5)$$
$$= 25 + 73 \times 3.791 = 301.74(万元)$$

改造（二）方案的费用现值

$$PC_3 = 35 + (2+65) \times (P/A, 10\%, 5)$$
$$= 35 + 67 \times 3.791 = 289.00(万元)$$

评价：在满足需要大致相同的前提下，改造（二）方案的费用现值最小，而且运距也更短，所以应选择改造（二）方案。

5.2.2　经济效益费用比（EBCR）法

经济效益费用比 EBCR 是指以社会折现率 i_s 折算的项目各年效益的现值总和与各年费用的现值总和的比值。对兴建项目带来社会、经济、环境方面的某些不得影响，应尽可能在计算时计入补救措施的费用现值。确实无法采取补救措施时，允许将造成的损失从项目效益现值中扣除。表达式为：

$$EBCR = \frac{\sum_{t=1}^{n} B_t (1 + i_s)^{-t}}{\sum_{t=1}^{n} C_t (1 + i_s)^{-t}} \qquad (5-5)$$

或

$$EBCR = \frac{AB}{AC} \qquad (5-6)$$

式中　B_t——第 t 年的效益；

　　　C_t——第 t 年的费用；

　　　AB——折算年效益；

　　　AC——折算年费用。

经济效益费用比 EBCR 是反映工程项目在整个计算期内单位费用为国民经济所做贡献的相对数指标。避免了只求净效益最大值而不考虑投资额的缺点。效益费用比大于或等于 1.0（EBCR≥1.0），表明国家为该工程项目所付出的代价对国民经济的贡献达到或超过了社会折现率的要求；EBCR 小于 1.0，表明国家为该工程项目所付出的代价对国民经济的贡献低于社会折现率的要求。因此，认为 EBCR≥1.0 的拟建项目在经济上是合理可行的。

用经济效益费用比法进行独立方案的比较优选时，在所有 EBCR≥1.0 的方案中，EBCR 最大的方案可认为是经济上最有利的方案。若各比较方案的计算期相同，可采用公式（5-5），若各比较方案的计算期不同，则应采用公式（5-6），以取得时间上的可比性。

对于同一工程项目不同规模的互斥方案进行比较优选时，尚需采用增量经济效益费用比（ΔEBCR）进行比较。具体步骤是：按费用大小排队；对相邻方案进行增量分析，计算增加的费用 ΔC 及其产生的增量效益 ΔB；进而计算增量经济效益费用比（ΔEBCR $=\frac{\Delta B}{\Delta C}$）。只有 ΔEBCR≥1.0 时，增加的投资在经济上才是可行的，可选择投资规模大的方案。其中 ΔEBCR＝1.0（即 ΔC＝ΔB）时，说明已达到资源充分利用的上限，项目开发的规模最大，可获得最大的经济净现值。若 ΔEBCR＜1.0 说明增加投资在经济上是不合理的，应选择规模小的方案。

【例 5-3】　试用经济效益费用比法和增量经济效益费用比法对［例 5-1］的甲、乙两方案进行分析比较。

解　经济计算期 $n=3+20=23$ 年，基准点选施工期第一年年初。

（1）甲方案效益的现值

$$PB = 130 \times (P/A, 10\%, 20) \times (P/F, 10\%, 3)$$
$$= 130 \times 8.514 \times 0.7513$$

$$= 831.554(万元)$$

甲方案费用的现值

$$PC = 100 \times (P/F,10\%,1) + 200 \times (P/F,10\%,2) + 100 \times (P/F,10\%,3) + 35$$
$$\times (P/A,10\%,20) \times (P/F,10\%,3)$$
$$= 100 \times 0.9091 + 200 \times 0.8264 + 100 \times 0.7513 + 35 \times 8.514 \times 0.7513$$
$$= 555.200(万元)$$

甲方案的经济效益费用比

$$EBCR = \frac{PB}{PC} = \frac{831.554}{555.200} = 1.50$$

（2）乙方案效益的现值

$$PB = 180 \times (P/A,10\%,20) \times (P/F,10\%,3)$$
$$= 180 \times 8.514 \times 0.7513$$
$$= 1151.380(万元)$$

乙方案费用的现值

$$PC = 100 \times (P/F,10\%,1) + 300 \times (P/F,10\%,2) + 200$$
$$\times (P/F,10\%,3) + 50 \times (P/A,10\%,20) \times (P/F,10\%,3)$$
$$= 100 \times 0.9091 + 300 \times 0.8264 + 200 \times 0.7513 + 50 \times 8.514 \times 0.7513$$
$$= 810.918(万元)$$

乙方案的经济效益费用比

$$EBCR = \frac{PB}{PC} = \frac{1151.380}{810.918} = 1.42$$

（3）计算两方案的增量经济效益费用比。甲乙两方案是同一工程的不同开发规模的比较，其增量经济资金流量见表 5-3。

表 5-3 甲、乙两方案增量经济资金流量表 单位：万元

项 目	施 工 期			运 行 期（年）					
	1	2	3	4	5	6	…	22	23
增量效益				50	50	50	…	50	50
增量费用： 1. 投资	0	100	100						
2. 运行费				15	15	15	…	15	15

增量效益的现值

$$\Delta PB = 50 \times (P/A,10\%,20) \times (P/F,10\%,3)$$
$$= 50 \times 8.514 \times 0.7513$$
$$= 319.828(万元)$$

增量费用的现值

$$\Delta PC = 100 \times (P/F,10\%,2) + 100 \times (P/F,10\%,3)$$
$$+ 15 \times (P/A,10\%,20) \times (P/F,10\%,3)$$
$$= 100 \times 0.8264 + 100 \times 0.7513 + 15 \times 8.514 \times 0.7513$$

$$= 253.231(万元)$$

$$\Delta EBCR = \frac{\Delta PB}{\Delta PC} = \frac{319.828}{253.231} = 1.26$$

（4）分析评价。从以上计算结果得知，高、低坝两方案的经济效益费用比均大于1.0，表明两个方案在经济上都是可行的；若有资金约束，从资金的使用效率考虑，低坝方案的 $EBCR$ 大于高坝方案的 $EBCR$；由于两方案是同一工程不同开发规模的比较，在资金不受约束的条件下，为获得水资源的充分利用，还应根据两方案的增量经济效益费用比来合理确定开发规模。因 $\Delta EBCR > 1.0$，表明国家为建设规模大的高坝方案所增加的费用仍能获得超过社会折现率的效益，所以应选择投资大的高坝方案。当然，具体还应综合考虑技术、经济、社会、自然、生态等因素，选取最适合的方案。

5.2.3 经济内部收益率（EIRR）法

经济内部收益率（$EIRR$）是指使项目经济净现值 $ENPV = 0$ 或经济效益费用比 $EBCR = 1.0$ 时的折现率。表达式为：

$$\sum_{t=1}^{n} (B-C)_t (1 + EIRR)^{-t} = 0 \tag{5-7}$$

式中　$EIRR$——经济内部收益率；

$\qquad B$——年效益（包括计算期末回收的固定资产余值和回收的流动资金）；

$\qquad C$——年费用（包括固定资产投资、流动资金流出和年运行费 U）；

$\qquad t$——计算期各年的序号，基准点为 0；

$\qquad n$——分析计算期；

$(B-C)_t$——第 t 年的净效益。

经济内部收益率 $EIRR$ 是根据工程方案本身的资金流量试算获得的，是反映方案本身内在的资金回报率的一个相对数指标，不要求事先应知道资金的折现率。因此，在一般的建设项目中主要用经济内部收益率法进行国民经济评价。其试算的具体步骤如下：

（1）分析确定工程项目的经济资金流量，按公式（5-4）列出试算的式子。

（2）假设一个折现率 i_1（若有已知的社会折现率 i_s，可先将 i_s 设为 i_1），代入试算的式子中，若 $ENPV_1 = 0$，则 i_1 即为该工程项目的经济内部收益率 $EIRR$；若 $ENPV_1 > 0$（或 $ENPV_1 < 0$），则说明所设的 i_1 偏小（大）。

（3）再假设一较大（小）的折现率 i_2，代入试算的式子中，若还是 $ENPV_2 > 0$（或 $ENPV_2 < 0$），说明 i_2 还是偏小（大），应继续选取一更大（小）的折现率；如果所假设的 i_2 使得 $ENPV_2 < 0$（或 $ENPV_2 > 0$），则说明所设的 i_2 偏大（小）。

（4）当用以上所假设的折现率计算出的 $ENPV$ 在零的两侧（即一个为正值，一个为负值），且折现率相差很小（一般 $\leqslant 1.0\%$）时，折现率 i 值与 $ENPV$ 值近似直线关系（见图 5-1），可用直线内插法求出经济内部收益率 $EIRR$（注意：因 $EIRR$ 与 i 不是直线关系，折现率相差较大时不能采用直线内插法求解 $EIRR$，否则会得出不正确结果）。内插法公式为：

$$EIRR = i_1 + \frac{|ENPV_1|}{|ENPV_1| + |ENPV_2|} (i_2 - i_1) \tag{5-8}$$

式中 $ENPV_1$、$ENPV_2$——以假设的 i_1、i_2 计算得出的一正一负的两个经济净现值。

实践中，经济内部收益率 $EIRR$ 一般采用现成的计算机程序试算得出。计算出的 $EIRR \geqslant i_s$，表明由该工程方案产生的资金回报率超过或正好达到国家规定的社会折现率水平，该方案在经济上是合理可行的；若 $EIRR < i_s$，表明由该工程方案产生的资金回报率达不到国家规定的社会折现率水平，该方案在经济上是不可取的。当进行各自独立的不同方案的比较时，$EIRR$ 越大的方案是经济效果越好的方案。

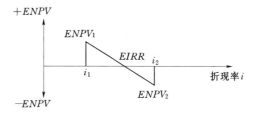

图 5-1 折现率与经济净现值关系图

【例 5-4】 某水利工程的经济资金流量如表 5-4 所示，试用经济内部收益率法评价其经济合理性。

表 5-4　　　　　　　　　　　　某水利工程国民经济效益费用表　　　　　　　　　　　　单位：万元

项　目	建　设　期			运　行　期（年）						
	1	2	3	4	5	6	…	21	22	23
效益				40	40	40	…	40	40	40
费用： 1. 投资 2. 运行费	80	80	80	10	10	10	…	10	10	10
净效益	−80	−80	−80	30	30	30	…	30	30	30

解 （1）先设 $i_1 = 8\%$，求得相应经济净现值。

$$ENPV_1 = (-80)(P/A, 8\%, 3) + (40 - 10)(P/A, 8\%, 20)(P/F, 8\%, 3)$$
$$= -80 \times 2.577 + 30 \times 9.818 \times 0.7938$$
$$= 27.646 (万元)$$

$ENPV_1$ 大于 0，可见所假设的 8% 偏小了。

（2）再设 $i_2 = 9\%$，求得相应经济净现值。

$$ENPV_2 = (-80)(P/A, 9\%, 3) + (40 - 10)(P/A, 9\%, 20)(P/F, 9\%, 3)$$
$$= -80 \times 2.4869 + 30 \times 8.5136 \times 0.7513$$
$$= 8.967 (万元)$$

$ENPV_2$ 大于 0，可见所假设的 9% 还是偏小了。

（3）再设 $i_3 = 10\%$，求得相应经济净现值。

$$ENPV_3 = (-80)(P/A, 10\%, 3) + (40 - 10)(P/A, 10\%, 20)(P/F, 10\%, 3)$$
$$= -80 \times 2.5313 + 30 \times 9.1285 \times 0.7722$$
$$= -7.064 (万元)$$

（4）计算 $EIRR$。

$$EIRR = 9\% + (10\% - 9\%) \frac{|8.967|}{|8.967| + |-7.064|} = 9.56\%$$

（5）评价。由计算可知，该工程方案的经济内部收益率（$EIRR = 9.56\%$）小于目前

国家规定的 $i_s = 12\%$，所以在经济上是不可接受的。若该工程是属于或兼有社会公益性质的水利建设项目，考虑到许多效益是无法计算的，可按 $i_s = 7\%$ 进行评价，则该项目经济上可能又变为可接受的。

当进行同一工程项目不同规模的互斥方案的比较优选时，还应当结合差额投资经济内部收益率（$\Delta EIRR$）进行分析，以选定适合的投资规模。两个方案的差额投资经济内部收益率（$\Delta EIRR$）应以两方案计算期内各年净效益流量差额的现值累计等于零时的折现率表示。差额投资经济内部收益率大于或等于社会折现率（$\Delta EIRR \geqslant i_s$）时，投资现值大的是经济效果好的方案。进行多个方案比较时，应按投资现值由小至大依次两两比较。

差额投资经济内部收益率 $\Delta EIRR$ 的试算方法和步骤同 $EIRR$ 的试算过程。试算公式为：

$$\sum_{t=1}^{n} \left[(B-C)_2 - (B-C)_1 \right]_t (1+\Delta EIRR)^{-t} = 0 \qquad (5-9)$$

式中　　$\Delta EIRR$——差额投资经济内部收益率；

　　　　$(B-C)_2$——投资规模大的方案的年净效益流量；

　　　　$(B-C)_1$——投资规模小的方案的年净效益流量。

【例 5-5】 试用差额投资经济内部收益率对 [例 5-1] 进行方案的分析比较。

解 计算求得甲、乙两方案的差额净资金流量，见表 5-1 最后一行。

（1）先设 $i_1 = 10\%$，求得相应经济净现值。

$ENPV_1 = -100 \times (P/A, 10\%, 2) - 100 \times (P/A, 10\%, 3) + 35 \times (P/A, 10\%, 20)(P/F, 10\%, 3)$

　　　　$= -100 \times 0.8264 - 100 \times 0.7513 + 35 \times 8.514 \times 0.7513$

　　　　$= 66.110$（万元）

（2）再设 $i_2 = 12\%$，求得相应经济净现值。

$ENPV_2 = -100 \times (P/A, 12\%, 2) - 100 \times (P/A, 12\%, 3) + 35 \times (P/A, 12\%, 20)(P/F, 12\%, 3)$

　　　　$= -100 \times 0.7972 - 100 \times 0.7118 + 35 \times 7.469 \times 0.7118$

　　　　$= 35.175$（万元）

（3）继续设 $i_3 = 15\%$，求得相应经济净现值。

$ENPV_3 = -100 \times (P/A, 15\%, 2) - 100 \times (P/A, 15\%, 3) + 35 \times (P/A, 15\%, 20)(P/F, 15\%, 3)$

　　　　$= -100 \times 0.7561 - 100 \times 0.6575 + 35 \times 6.259 \times 0.6575$

　　　　$= 2.675$（万元）

（4）再设 $i_4 = 16\%$，求得相应经济净现值。

$ENPV_4 = -100 \times (P/A, 16\%, 2) - 100 \times (P/A, 16\%, 3) + 35 \times (P/A, 16\%, 20)(P/F, 16\%, 3)$

　　　　$= -100 \times 0.7432 - 100 \times 0.6407 + 35 \times 5.929 \times 0.6407$

　　　　$= -5.435$（万元）

（5）计算差额投资内部收益率 $\Delta EIRR$。

$$\Delta EIRR = 15\% + (16\% - 15\%) \frac{|2.675|}{|2.675| + |-5.435|} = 15.33\%$$

（6）分析评价。差额投资内部收益率 $\Delta EIRR$ 大大超过规定的社会折现率 10%，表明增加投资是可行的，应当选择投资大的高坝方案。这与前面采用其他方法所分析的结论一致。

5.2.4 经济净年值（*ENAV*）法

指将项目的经济净现值平均摊分在计算期内的等额年值。表达式为：

$$ENAV = \left[\sum_{t=1}^{n}(B-C)_t(1+i_s)^{-t}\right](A/P,i_s,n) = ENPV(A/P,i_s,n) \quad (5-10)$$

式中　$(A/P,i_s,n)$——本利摊还系数；

B、C、n——符号意义同公式（5-1）。

经济净年值 *ENAV* 与经济净现值 *ENPV* 在项目评价的结论上是一致的，是等效的评价指标，即 $ENPV \geqslant 0 \Leftrightarrow ENAV \geqslant 0$。不同的是，在对计算期不同的方案进行比较优选时，经济净年值法可以使方案之间具有时间上的可比性，而不必强求各方案的计算期相同。

【例 5-6】 试用经济净年值法对［例 5-1］的甲、乙两方案进行分析比较。

解　（1）甲方案的经济净年值。

$$ENAV_甲 = ENPV_甲(A/P,i_s,n) = 276.354 \times (A/P,10\%,23)$$
$$= 276.354 \times 0.11257 = 31.109（万元）$$

（2）乙方案的经济净年值。

$$ENAV_乙 = ENPV_乙(A/P,i_s,n) = 340.462 \times (A/P,10\%,23)$$
$$= 340.462 \times 0.11257 = 38.326（万元）$$

（3）分析评价。甲、乙两方案的经济净年值均大于 0，表明两方案在经济上均是可行的。乙方案的净年值大于甲方案的净年值，故乙方案更有利。由于本例两方案的分析计算期相同，所以用净年值法与净现值法得出的结论一致。若各方案的计算期不同，则采用净年值法进行比较更科学、更具可比性。

经济净年值法的两种特殊情况：

（1）年费用（*AC*）比较法。若各比较方案效益相等或相近但难以具体计算，分析计算期也不同，宜采用年费用（*AC*）比较法，即将各方案的费用现值折算成等额年值。年费用 *AC* 较小的方案为经济上较优的方案。

$$AC = \left[\sum_{t=1}^{n}C_t(1+i_s)^{-t}\right](A/P,i_s,n) = PC(A/P,i_s,n) \quad (5-11)$$

年费用比较法和费用现值比较法只能用于效益相等或相近但难以具体估算这种情况的多方案的比较优选，对于单一方案的可行性分析，这两个指标毫无意义。

（2）年效益（*AB*）比较法。若各比较方案费用相等或相近但难以具体计算，分析计算期也不同，宜采用年效益（*AB*）比较法，即将各方案的效益现值折算成等额年值。年效益 *AB* 较大的方案为经济上较优的方案。

$$AB = \left[\sum_{t=1}^{n}B_t(1+i_s)^{-t}\right](A/P,i_s,n) = PB(A/P,i_s,n) \quad (5-12)$$

5.2.5 各种经济评价方法的比较

以上介绍的四大类经济评价方法各有其优缺点。进行方案评价优选时，为使结果科学合理，通常要选择其中两种以上适当的评价方法进行论证。对于单方案的经济合理性分析，可选用的方法很多，一般根据项目的具体情况，采用其中的一种或若干种方法进行分析，不同的方法得出的结论是一致的。当进行互斥方案的评价优选时，采用不同评价方法其优选结果可能不同。如〔例 5 - 1〕，采用不同评价方法，考虑的角度不同，结论也不同。若考虑资金的使用效率（受资金限制时），采用效益费用比法，则认为低坝方案较优；若考虑到获取最大经济贡献和最大程度地利用水力资源，采用经济净现值法（或经济净年值法），结合差额投资内部收益率和增量效益费用比法，则认为高坝方案较优。出现这种矛盾，并非说明这些方法本身有问题，而是提醒评价人员一定要结合项目的具体情况、具体要求和各评价方法的具体特点，选择适当的评价方法进行分析比较。

净现值法用工程方案对国民经济的净贡献的绝对数值表明方案的可行性。若是对多方案比较优选，根据净现值大小，可迅速地比较出各方案的优劣。但本法过分强调绝对值指标大小，容易片面追求净现值最大化，而忽视单位投入的产出（资金使用效率）。用净年值法进行评价和优选基本上同净现值法，但其比净年值法更胜一筹的是，不受各方案分析计算期是否相同的限制。

效益费用比法用工程方案的效益现值与费用现值的比值大小表明方案的经济效率和方案是否可行。通过对各独立方案的效益费用比大小比较，可进行独立多方案的优劣排队。本法计算结果数值小，简单明了，概念清晰，容易理解，但不便于了解方案产生的绝对值净效益。且用本法进行不同规模的互斥方案比较优选时，应结合增量效益费用比法进行。

内部收益率法通过试算求得，反映了工程方案本身的资金回报率，与社会折现率比较，可判断出工程方案是否可行。通过对各独立方案的内部收益率大小比较，可迅速进行独立多方案的优劣排队。但用本法进行不同规模的互斥方案比较优选时，应结合差额投资内部收益率法进行，且试算的工作量较大。

当比较方案的效益相同或相近又难以准确估算时，可根据最小费用原则，采用年费用比较法（分析计算期不同）和费用现值比较法。

5.3　国民经济评价的静态方法

静态方法是指在对工程项目进行经济评价时不计工程资金的时间价值的一种简易分析法。由于静态方法不能真正反映客观经济发展规律与要求，所以常常只用于工程方案初选阶段的经济评价。

5.3.1　静态收益率（R）法

静态收益率即投资收益率，是年净效益（$B-C$）与全部投资 K（固定资产投资与流动资金）的比率。反映项目投产后，单位投资对国民经济所作年净贡献的一项静态指标。计算公式为：

$$R = \frac{B-C}{K} \times 100\%　\qquad (5-13)$$

式中　K——总投资。

年净效益采用达到设计生产能力后的正常年份的数值，当生产期内各年的净效益变化幅度较大时，应采用生产期的年平均净效益。有国外贷款的项目，国外贷款建设期支付的利息也应计入总投资中。一般地，投资收益率大于或等于某一基准收益率（通常取社会折现率）时，认为是经济上可接受的项目。

5.3.2 静态还本年限（P_t）法

静态还本年限又称为项目投资回收期，是指以项目产生的净效益抵偿全部投资所需的时间。反映了项目回收全部投资的能力。投资回收期一般自项目建设开工年算起（即包括建设期），其表达式为：

$$\sum_{t=1}^{P_t} (B-C)_t = 0 \qquad (5-14)$$

式中　P_t——投资回收期；

$(B-C)_t$——年净效益；

B、C、t——符号意义同公式（5-1）。

项目投资回收期 P_t 可用国民经济效益费用流量表中累计净效益流量计算求得。计算公式为：

$$P_t = \left[累计净效益流量开始出现正值年份数 \right] - 1 + \left[\frac{上年累计净效益流量的绝对值}{出现正值当年的净效益流量} \right]$$

$$(5-15)$$

【例 5-7】　某水利工程项目的净效益流量见表 5-5，计算静态投资回收期。

表 5-5　　　　　　　　　　　某水利工程净效益流量表限　　　　　　　　单位：万元

项　目	年　序							
	0	1	2	3	4	5	6	7
净效益流量	−120	−100	50	60	60	60	60	80
累计净效益流量	−120	−220	−170	−110	−50	10	70	150

解　根据公式（5-15）得：

$$P_t = (5-1) + \frac{|-50|}{60} = 4.83 (年)$$

若生产期的年净效益相同，则静态投资回收期的计算公式为：

$$P_t = 建设期 + \frac{K}{B-C} \qquad (5-16)$$

式中　K——总投资；

$(B-C)$——年净效益。

静态投资回收期计算简单，比较清楚地反映出投资回收的能力和速度。在方案比较时，投资回收期 P_t 越短的方案，就是资金周转快、回收能力越强、经济上越好的方案。

【例 5-8】　某水利工程总投资 1650 万元，建设期 3 年，建成后估计每年可获效益 245 万元，年运行费 80 万元，计算投资收益率和静态投资回收期。

解　根据公式（5-13）得：

$$R = \frac{B-C}{K} \times 100\% = \frac{245-80}{1650} \times 100\% = 10\%$$

根据公式（5-16）得：

$$P_t = 建设期 + \frac{K}{B-C} = 3 + \frac{1650}{245-80} = 13(年)$$

5.3.3　静态差额投资回收期（P_a）法

静态差额投资回收期是指两个效益相同的比较方案投资的差额与两方案年运行费差额的比率，计算公式为：

$$P_a = \frac{I_2 - I_1}{C_1 - C_2} \times 100\% \tag{5-17}$$

式中　C_1、C_2——两比较方案的年运行费；

　　　I_1、I_2——两比较方案的投资额。

当计算出的 P_a 值小于基准回收期时，投资大的方案较优，反之，选择投资小的方案。

5.3.4　静态差额投资收益率（R_a）法

静态差额投资收益率指两效益相同的比较方案的年运行费的差额与投资差额的比率，即静态差额投资回收期 P_a 的倒数。计算公式为：

$$R_a = \frac{1}{P_a} = \frac{C_1 - C_2}{I_2 - I_1} \times 100\% \tag{5-18}$$

式中符号同（5-16）。

当计算出的静态差额投资收益率大于或等于相应的基准值时，说明投资大的方案较优，反之，应选择投资小的方案。

【例 5-9】　某工程项目，经分析有两个可同等程度满足需要的方案供选择，具体资料见表 5-6，试用静态差额投资收益率法进行简单分析比较。

表 5-6　　　　　　　　　　　甲、乙方案经济资金流量表　　　　　　　　　　　单位：万元

方　案	项　目	建　设　期			运　行　期					
		1	2	3	4	5	…	18	19	20
甲	1. 工程投资 2. 年运行费	50	100	100	 8	 8	 …	 8	 8	 8
乙	1. 工程投资 2. 年运行费	100	150	150	 2	 2	 …	 2	 2	 2

解

$$R_a = \frac{C_1 - C_2}{I_2 - I_1} \times 100\% = \frac{8-2}{400-250} \times 100\% = 4\%$$

由计算结果可知，两方案的静态差额投资收益率若小于其经济评价所要求达到的相应基准值时，则投资较小的甲方案优于乙方案。

第6章 财务评价及不确定性分析

6.1 财 务 评 价 概 述

6.1.1 财务评价与国民经济评价的区别

水利水电工程项目经济评价包括国民经济评价和财务评价两个方面，两者既有联系又有区别，其联系为两者在动态评价方面有共同的理论基础，其主要区别为以下几个方面。

（1）评价的角度不同。国民经济评价是从国家整体的角度出发，考察工程的效益和费用，计算分析工程给国民经济带来的净效益，评价项目的合理性，为选择最优开发方案提供依据，具有宏观分析的特性。财务评价是从企业或工程经营管理核算单位的角度出发，按照国家现行的财税制度，确定项目的实际财务支出和收入，计算工程的获利能力、借款偿还能力等财务状况，以判断财务上的可行性和现实性，具有微观分析的特性。

（2）两者的地位不同。一般水利工程都要作国民经济评价和财务评价。国民经济评价是经济评价的基础和前提条件，在国民经济评价后，选定2～3个技术上可行、经济上合理的较优的方案进行财务评价。财务评价实质上是国民经济评价的延续和补充，但是，一个工程的国民经济评价可能是合理的，但财务评价并不一定可行。一般的工程项目，既要在经济上合理，又要在财务上可行。要以国民经济评价为主，但也要重视财务评价。对于防洪、治涝、治碱、环保等属于国家公益事业的项目，无财务收入或收入很少，也应进行财务分析，提出维持项目正常运行需由国家补贴的资金数额和需要采取的经济优惠政策等有关措施。具有综合利用功能的水利建设项目，应把项目作为整体进行财务评价。

（3）采用的价格体系不同。财务评价采用当地的现行价格，而国民经济评价采用能反映产品价值的影子价格。

（4）效益和费用的含义及划分的范围不同。国民经济评价的效益是指工程对全社会提供的有用产品和服务，包括直接效益和间接效益；财务评价的效益是指核算单位的实际财务收入，即直接效益，故应把国家的各种补贴作为收入。国民经济评价的投资是指工程达到设计效益时工程所需的全部建设费用，即考虑全社会为项目付出的代价，故国内贷款利息和各种补贴等属于国民经济内部转移支付的费用不计入项目费用；财务评价的投资是指工程达到设计效益时工程所需的全部建设费用中的有关现金支出部分，故应将税金、保险费等作为实际支出考虑。

（5）采用的折算率（折现率）不同。国民经济评价采用国家统一测算的社会折现率，而财务评价采用各行业执行的基准收益率作为折现率，汇率采用官方汇率。

6.1.2 财务评价的基本参数及指标

为分析和评价水利工程在财务上的可行性，评价项目的优劣，需要计算财务评价的各种指标。财务评价的指标有财务净现值（$FNPV$）、财务净现值率（$FNPVR$）、财务内部收益率（$FIRR$）、投资回收期（P_t）、固定资产投资借款偿还期（P_d）、投资利润率及投资利税率等，在计算这些评价指标时需要按照行业的基准值来计算或与之比较，这些基准值有基准收益率、基准投资回收期、基准投资利润率及利税率等，这些基准值都是由各部门定期制定，报国家有关部门颁布实施。

6.1.3　财务报表

进行水利建设项目财务评价，大多采用报表的形式，财务报表有现金流量表、损益表、资金来源与运用表、资产负债表、财务外汇平衡表等基本报表，必要时还可以编制总成本费用估算表和借款还本付息表等辅助报表，属于社会公益性质或财务收入很少的水利建设项目，财务报表可适当减少。现金流量表如表6-1所示，其他报表可参考现行规范。

表6-1　　　　　　　　　　　全部投资现金流量表　　　　　　　　　单位：万元

序号	项　　目	年　　份								合计
		建设期		运行初期		正常运行期				
		1	…	…	…	…	…	n		
1	现金流入量 CI									
1.1	销售收入									
1.2	提供服务收入									
1.3	回收固定资产余值									
1.4	回收流动资金									
2	现金流出量 CO									
2.1	固定资产投资（含更新改造投资）									
2.2	流动资金									
2.3	年运行费									
2.4	销售税金及附加									
2.5	所得税									
2.6	特种基金									
3	净现金流量（$CI-CO$）									
4	累计净现金流量									
5	所得税前净现金流量									
6	所得税前累计净现金流量									

　　　　　　　　　　所得税前　　　　　　　　　　　　　　所得税后

评价指标：财务净现值 $FNPV=$
　　　　　财务内部收益率 $FIRR=$
　　　　　投资回收期 $P_t=$

6.2　财务评价的方法

6.2.1　财务净现值法（$FNPV$）和财务净现值率法（$FNPVR$）

财务净现值是指项目按行业基准收益率 i_c 将各年的净现金流量折算到基准点（建设期第一年年初）的现值之和，是一个绝对概念。财务净现值率是指项目净现值与全部投资现值之比，反映单位投资现值的获利能力，具有相对的概念。两者都是反映项目在计算期内获利的能力的动态评价指标，其表达式为：

$$FNPV = FBPW - FCPW = \sum_{t=1}^{n} (CI - CO)_t (1 + i_c)^{-t} \qquad (6-1)$$

$$FNPVR = \frac{FNPV}{I_P} \qquad (6-2)$$

式中　　$FNPV$——财务净现值；

$FNPVR$——财务净现值率；

I_P——投资（包括固定资产和流动资金）的现值；

$FBPW$——财务总现金流入现值；

$FCPW$——财务总现金流出现值；

CI——现金流入量；

CO——现金流出量；

$(CI-CO)_t$——第 t 年净现金流量；

i_c——基准收益率；

n——计算期，年。

评价的准则是：单独方案的评价时，若财务净现值和财务净现值率大于或等于零，表明项目在财务上可行；多方案比较和优选时，当各方案的投资额基本相等时，净现值大的方案为优选方案之一；当各比较方案的投资不同时，净现值率大的方案是优选方案之一。

6.2.2　财务内部收益率（$FIRR$）

财务内部收益率是指项目在计算期内各年的净现金流量现值为零时的折现率，它是反映项目赢利能力的重要动态指标，其表达式为：

$$\sum_{t=1}^{n} (CI - CO)_t (1 + FIRR)^{-t} = 0 \qquad (6-3)$$

式中符号意义同上。

计算财务内部收益率的方法与计算经济内部收益率的方法相同，采用试算法计算。

评价的准则是：单独方案的评价时，若 $FIRR \geqslant i_c$（或 i，贷款利率）表明项目在财务上可行；多方案比较和优选时，$FIRR$ 大的方案为优选方案之一。对同一工程不同的开发规模进行比较时，还应结合差额投资财务内部收益率进行分析，以优选出合理的投资方案。行业基准收益率 i_c 的取值应根据有关规定。目前可暂按以下数据参考选取。

（1）供水项目 $i_c = 7\%$；

（2）水力发电项目 $i_c = 12\%$；

（3）综合利用工程项目可根据开发任务加权平均估计 i_c 的值。

6.2.3　固定资产贷款偿还期（P_d）

贷款偿还期是指在国家财务规定下，项目投产后可用作还款的利润、折旧、减免的税金及其他收益，偿还固定资产投资借款本金和利息所需要的时间。一般从借款开始年算起，其表达式为

$$I_d = \sum_{t=1}^{P_d} (R_P + D' + D'' + R_0 - R_r)_t \qquad (6-4)$$

式中　　　　　　　　I_d——固定资产借款本金和利息之和，还款期间的利息按以下假
设计算：每笔借款发生在当年的按半年计息，还清借款年
份也按半年计息，其余年份均按全年计息；

　　　　　　　　　　P_d——借款偿还期，年；

　　　　　　　　　　R_P——年利润；

　　　　　　　　　　D'——可用于偿还借款的折旧，$D' = D(1 - 25\%)(0.8 \sim 0.5)$，
即工程折旧费，先扣除 15％的能源交通重点建设基金和
10％的国家预算调节基金，然后在投产的第 1 年至第 3 年
提取 80％，第 4 年以后提取 50％用作偿还贷款，贷款偿
还后再从利润中扣除所提的折旧；

　　　　　　　　　　D''——可用于偿还借款的减免税金；

　　　　　　　　　　R_0——可用于偿还借款的其他收益；

　　　　　　　　　　R_r——还款期间的年企业留利，应由主管部门会同财务部门核
定，一般为工资总额的 15％左右作为企业基金和奖励基
金，利润的 1％～3％作为新产品的试验基金；

$(R_P + D' + D'' + R_0 - R_r)_t$——第 t 年可用于偿还借款的净收益额。

　　借款偿还期可用财务平衡表逐年计算。求出各年偿还金额及余盈资金后即可用下式计
算借款偿还期：

$$P_d = P_0 - 1 + \frac{\text{出现盈余当年应偿还借款额}}{\text{当年可用于还款的收益款}} \qquad (6-5)$$

式中　P_0——借款偿还后开始出现余盈的年数。

　　评价准则是：当贷款偿还期小于或等于贷方的要求期限时，该项目的清偿能力符合要
求，在财务上可行。

6.2.4　投资回收期（P_t）

　　1. 静态投资回收期

　　静态投资回收期是，不考虑资金的时间价值，以项目的净收益抵偿全部投资所需的时
间，它是反映项目投资回收能力的静态评价的指标之一。投资回收期一般从建设期的第一
年开始算起，其表达式为：

$$\sum_{t=1}^{P_t} (CI - CO)_t = 0 \qquad (6-6)$$

用财务现金流量表累计净现金流量计算，求静态投资回收期，其计算公式为：

$$P_t = P_0 - 1 + \frac{\text{累计净现金流量开始出现正值年份}}{\text{累计净现金流量开始出现正值年份的年净现金流量}} \qquad (6-7)$$

式中　P_t——投资回收期；

　　　　P_0——累计净现金流量开始出现正数的年份序数。

　　2. 动态投资回收期

　　动态投资回收期与静态投资回收期不同的是，考虑资金的时间价值的因素，定义表达
式为：

$$\sum_{t=1}^{P_t} (CI - CO)_t (1 + i_c)^{-t} = 0 \qquad (6-8)$$

动态投资回收期也可采用财务报表的方法计算，其计算方法类同静态的计算方法，评价准则也与之类同。

6.2.5 投资利润率与投资利税率

1. 投资利润率

投资利润率是指项目达到设计生产能力的一个正常生产年份的利润总额与项目总投资的比率。其计算公式为：

$$投资利润率 = \frac{年利润总额或年平均利润总额}{总投资} \times 100\% \qquad (6-9)$$

其中　　　　　　年利润总额 = 年产品销售收入 - 年总成本 - 年销售税金

年销售税金 = 年产品税 + 年增值税 + 年营业税 + 年城市建设维护税 + 年教育费附加

总投资 = 固定资产投资（不包括生产期更新改造投资）

　　　　　+ 建设期及部分运行期的贷款利息 + 固定资产投资方向税 + 流动资金

评价的准则是，当项目投资利润率等于或大于行业基准的投资利润率时，表明该项目单位投资的盈利能力达到了或超过了行业的平均水平，在财务上是可行的。

2. 投资利税率

投资利税率是指项目达到设计生产能力的一个正常生产年份的利税总额与项目总投资的比率。其计算公式为：

$$投资利税率 = \frac{年利税总额或年平均利税总额}{总投资} \times 100\% \qquad (6-10)$$

其中　　　　　　　　年利税总额 = 年销售收入 - 年总成本

评价的准则是，当项目投资利税率等于或大于行业基准的投资利税率时，表明该项目单位投资的盈利能力达到了或超过了行业的平均水平，在财务上是可行的。

6.3　不　确　定　性　分　析

水利工程中的一些量（如流量、水位等）都是变化的，水利工程建设项目经济评价中的许多参数（如效益、费用、时间）与水文要素都有密切的关系，其计算大多又来自估算和预测，有一定程度的不确定性。分析各种不确定因素的变化对经济评价指标的影响，称为不确定分析。通过不确定性分析，进一步考察工程方案在经济和财务上的可靠度，预测建设项目可能承担的风险，为工程项目的决策提供依据。不确定性分析包括敏感性分析、概率（风险）分析和盈亏平衡分析。前两项适用于水利建设项目的国民经济评价和财务评价，后一项一般只适应于工厂企业的财务评价。

6.3.1 敏感性分析

敏感性分析是考察各主要因素发生变化时对整个建设项目的经济评价指标的影响，从中找出最为敏感因素的过程。它表明评价指标对各种不确定因素的敏感程度，一般来说敏感性稳定的方案优于敏感性不稳定的方案。

进行敏感性分析时，考虑主要的变化因素有：投资、效益、价格、利率（折现率）、建设期和投产期等；评价指标有净现值、经济效益费用比和内部收益率等。当其中的一项或几项因素变化时，评价的指标随之发生变化，如果变化影响的幅度在允许的范围内，则认为本项目的经济指标是稳定的，否则是不稳定的，此时应进一步研究，提出减少风险的措施。敏感性分析的方法有列表分析法和绘图分析法。

1. 列表分析法

用列表表示某种因素单独变化时或两种以上因素同时变化时，引起的内部收益率的变化幅度的方法称为列表分析法。这种方法列出不同方案的基本情况和因素变化情况的内部收益率，分别计算出各种因素变化情况的内部收益率与基本情况内部收益率的差值。差值越大，表明该方案对该变化因素的敏感性越大，稳定性越不好。

2. 绘图分析法

敏感性分析图的绘制方法如下。

以不确定因素变化率（百分数）为横坐标，以内部收益率为纵坐标，按列表数据绘出变化因素与内部收益率的关系线，这些线称为因素指标关系线，同时绘出基本方案的内部收益率线和财务基准收益率线或社会折现率线，这是两条水平线，称之为基准线。基准线与因素指标线的交点称之为临界点（即 $EIRR = i_s$ 或 $FIRR = i_c$），由该点可求极限变化值，若变化幅度超过这个极限，项目不可行，若发生这个极限变化的可能性很大，表明项目有较大的风险。有关因素变动的幅度，可采用下列范围。

投资：$\pm 10\% \sim \pm 20\%$；

效益：$\pm 15\% \sim \pm 25\%$；

建设期：提前或推后 $1 \sim 2$ 年。

在敏感性分析中，可根据工程的具体情况，考虑单项因素变化或两种以上因素同时变化的情况。如果某种因素变化的可能性较大，则应以主要因素的计算结果作为最终评定效果的指标。

【例 6 - 1】　某工程项目对两个方案进行经济评价，评价指标为 $FIRR$，各主要变化因素、两方案的基本情况和各因素变化情况的 $FIRR$ 计算结果及敏感性计算结果见表 6 - 2，将表 6 - 2 中方案一的计算结果绘制成敏感性分析图，如图 6 - 1 所示。

表 6 - 2　　　　　　　　　　　某工程项目的敏感性分析成果表

各种因素变化	方案一		方案二	
	$FIRR$（%）	ΔIRR（%）	$FIRR$（%）	ΔIRR（%）
基本情况	23.6	0	26.7	0
总投资+10%	21.6	−2.0	24.5	−2.2
产品售价−10%	6.4	−17.2	22.2	−4.5
投产拖后一年	16.2	−7.4	19.5	−7.2

由表 6 - 2 可以看出，第一方案评价指标在产品的售价向不利方向变化时最为敏感，这些因素是第一方案的致命的弱点，必须降低成本、提高产品质量、扩大产品用途。第二

方案的评价指标对产品售价向不利方向变化时敏感性相对稳定。两方案对施工工期都较为敏感，故应合理安排施工进度，提高管理水平。从方案一的敏感性图上可以看到，若以 $i_c = 10\%$ 作为基准时。当售价减少 7.9% 即达到临界点，此时财务收益率等于基准收益率。价格减少 10% 时，该工程的财务内部收益率的减少已超过了极限，该方案风险较大。

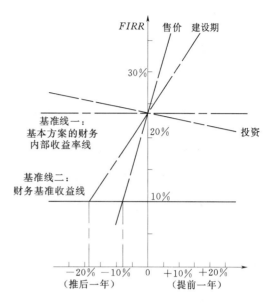

图 6-1　敏感性分析图

6.3.2 概率分析

建设项目经济评价的概率分析，是运用数理统计原理，研究一个或几个不确定因素发生随机变化情况下，对项目经济评价指标产生影响的一种主要分析方法，其目的在于研究该项目盈利的概率或亏损的风险率。

概率分析的方法有主、客观概率分析。主观概率是以人为预测估计为基础的概率。应用主观概率分析的结果应十分慎重，否则会对分析结果产生较大的影响。客观概率分析是以客观长期的历史统计资料为基础的，是水利工作者的常用方法。客观概率分析一般包括两个方面的内容：①计算并分析项目净现值，内部收益率等评价指标的期望值；②计算并分析净现值大于等于零，或内部收益率大于等于社会折现率（或行业基准收益率）的累计概率。累计概率的数值越大（上限值为1.0），项目承担的风险越小。

【**例 6-2**】　某灌溉工程建设期 2 年，各年投资 1000 万元（投资在各年年末），由概率统计资料知灌溉工程年经济效益的概率如表 6-3 所示，已知该灌溉工程的年运行费为 50 万元，$i_s = 7\%$，生产期 25 年，求灌溉工程年效益的期望值，净现值的期望值，净现值大于或等于 0 时的累计概率。

表 6-3　　　　　　　　　　　某灌溉工程概率计算表

年效益（万元）	200	300	500	700	900
概率（%）	10	20	40	20	10
累计概率（%）	10	30	70	90	100
投资	2000	2000	2000	2000	2000
年运行费	50	50	50	50	50
净现值	−281.21	736.65	2772.37	4808.09	6843.81

解　（1）效益期望值。

$$\overline{S} = 200 \times 0.1 + 300 \times 0.2 + 500 \times 0.4 + 700 \times 0.2 + 900 \times 0.1$$
$$= 510（万元）$$

（2）经济净现价的期望值。

$$\overline{ENPV} = -281.21 \times 0.1 + 736.65 \times 0.2 + 2772.37 \times 0.4 + 4808.09 \times 0.2 + 6843.81 \times 0.1$$
$$= 2874.16（万元）$$

（3）净现值大于等于零的概率。

当 $\sum P = 10\%$ 时，$ENPV = -281.21$；当 $\sum P = 30\%$ 时，$ENPV = 736.65$；用内插所求出 $ENPV = 0$ 时，$\sum P = 16\%$，故净现值大于或等于 0 的概率为 $1 - 16\% = 84\%$，即本工程盈利机会 84%。

6.3.3　盈亏平衡分析

盈亏平衡分析仅适用于财务评价，主要用于测算企业投产后盈亏平衡点（BEP），该点表示销售收入减税金恰好等于成本。若产品产量超过这一点，企业有利可图，若产品产量少于这一点，则企业出现亏损。

求盈亏平衡点的方法有图解法和公式法。

1. 图解法

将产品的成本分解成可变成本与不变成本。可变成本是指随着产品数量变化而成比例变化的成本，如原料、材料、计件工资等属于可变成本。固定成本是指在一定范围内不随产品数量的变化而变化的成本，如折旧费、企业管理费、管理人员的工资等。

根据税后年销售收入、年可变成本、年固定成本，以横坐标表示生产能力利用率，以纵坐标表示成本或税后收入，绘出三条关系线，即税后销售收入-生产能力利用率关系线、年总成本-生产能力利用率关系线、年固定成本-生产能力利用率关系线。前两线的交点即是 BEP 点。盈亏平衡点对应的横坐标即为其生产能力利用率，见图 6-2。

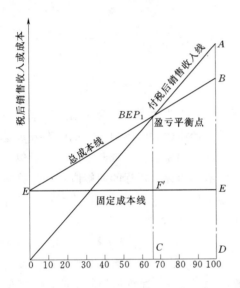

图 6-2　盈亏平衡求解示意图

2. 公式法

根据几何关系可以求出 BEP_1

$$BEP_1 = \frac{年固定总成本}{年产品销售收入 - 年可变总成本 - 年销售税金} \times 100\% \qquad (6-11)$$

$$BEP_2 = 设计生产能力 \times BEP_1 \qquad (6-12)$$

式中　BEP_1——生产能力利用率；

BEP_2——产量。

第7章 综合利用水利工程的投资费用分摊

7.1 投资费用分摊的原因和目的

水利水电枢纽工程一般都具有防洪、发电、灌溉、供水、航运等综合利用效益。如果整个综合利用水利工程的投资，仅由某一水利或水电部门负担，不在各个受益部门之间进行投资分摊，通常会发生以下几种情况。

（1）负担全部投资的部门认为，本部门的效益有限，而所需投资却较大，因而不愿兴建此工程或者迟迟下不了决心，其后果是使我国充分而又宝贵的水利资源白白浪费，得不到应有的开发与利用。

（2）主办单位由于受本部门投资额的限制，可能使综合利用水利工程的开发规模偏小。

（3）综合利用水利工程牵涉的部门较多，相互关系较为复杂，不承担投资的部门往往提出过高的设计标准或设计要求，使工程投资不合理的增加，工期被迫拖延，不能以较少的工程投资在较短的时间内发挥较大的综合利用效益。

若水利工程的投资全部由水电站负担，将使水电站单位千瓦投资高于火电站较多。由于受电力部门总投资额的限制以及其他一些原因，为了尽快满足电力系统负荷日益增长的要求，较多地发展了火力发电。虽然火电厂本身的单位千瓦投资较低，但是为了提供火电所需的大宗燃料，煤炭工业部门不得不增加投资新建或扩建矿井，甚至铁道部门、环保部门亦须相应增加投资，总计折合火力发电单位千瓦的投资并不一定比水电站少，而火电站单位电能的年运行费却为水电站的 3~4 倍。电价是一定的，结果国家纯收入（包括税金和利润）减少，资金积累减慢，反过来又影响水利电力部门的投资额，降低扩大再生产的速度，而水利水能资源由于得不到充分的开发利用年复一年地大量浪费。因此综合利用水利工程的投资在各个收益部门之间进行合理分摊是势在必行。

综上所述可知，对综合利用水利工程进行投资分摊的目的主要是：

（1）合理分配国家资金，正确编制国民经济发展规划和建设计划，保证国民经济各部门有计划按比例协调地发展。

（2）充分合理地开发和利用水利资源和各种能源资源，在满足国民经济各部门要求的条件下，使国家的总投资和年运行费用最少。

（3）协调国民经济各部门对综合利用水利工程的要求，选择经济合理的开发方式和发展规模；分析比较综合利用水利工程各部门的有关参数或技术经济指标。

（4）充分发挥投资的经济效果。只有对综合利用水利工程进行投资和年运行费分摊，才能正确计算防洪、灌溉、发电、航运等部门的效益与费用，以便加强经济核算，制定各种合理的价格，不断提高综合利用水利工程的经营和管理水平。

7.2 综合利用水利工程的投资构成

综合利用水利工程一般包括水库、大坝、溢洪道、泄水建筑物、引水建筑物、电厂、船闸以及过鱼设施等建筑物。进行投资费用分摊时,通常把综合利用水利工程的投资构成按以下方法分类。

7.2.1 第一分类法

把综合利用水利工程的投资划分为共用投资和专用投资两大部分,水库和大坝等建筑物可以为各受益部门服务,其投资可列为共用投资;电厂、船闸、灌溉引水建筑物等由于是专为某一部门服务,故其投资应列为专用投资。

按照此分类方法,综合利用水利工程的投资构成,可用式(7-1)表示:

$$K_{总} = K_{共} + \sum_{j=1}^{n} K_{专,j} \quad (j = 1, 2, \cdots, n) \tag{7-1}$$

式中　$K_{总}$——工程总投资;

　　$K_{共}$——各个部门共用建筑物的投资;

　　$K_{专,j}$——第 j 部门的专用建筑物的投资。

7.2.2 第二分类法

把综合利用水利工程的投资划分为可分投资和剩余投资两大部分,所谓某一部门的可分投资,是指水利工程中包括该受益部门与不包括该受益部门的总投资之差值。显然某一部门的可分投资,比它的专用投资要大一些,例如水电部门的可分投资,除电厂、调压室等专用投资外,还应包括满足电力系统调峰等要求而增大压力引水管道的直径,为满足最低发电水头和事故备用库容的要求而必须保持一定死库容所需增加的那一部分投资。所谓剩余投资,就是总投资减去各部门可分投资后的差值。

按照此分类方法,综合利用水利工程的投资构成,可用下列公式表示:

$$K_{总} = K_{剩} + \sum_{j=1}^{n} K_{分,j} \quad (j = 1, 2, \cdots, n) \tag{7-2}$$

式中　$K_{分,j}$——第 j 部门的可分离部分的投资(简称可分投资);

　　$K_{剩}$——工程总投资减去各部门可分投资后所剩余的投资。

在投资分摊计算中,应考虑各个部门的最优替代工程方案。所谓最优替代工程方案,是指在同等程度满足国民经济发展要求的具有同等效益的许多方案中,选择其中一个在技术上可行的、经济上最有利的替代工程方案。例如水电站的最优替代工程方案,在一般情况下是凝汽式火电站;水库下游地区防洪的最优替代工程方案,可能是在沿河两岸修筑堤防或在适当地区开辟蓄洪、滞洪区;地表水自流灌溉的最优替代工程方案,可能是在当地抽引地下水灌溉等。

在具体研究综合利用水利工程投资构成时,还应注意如下一些特殊情况:

(1)天然河道原来是可以通航的,由于修建水利工程而被阻隔,为了恢复原有河道的通航能力而增加的投资,不应由航运部门负担,而应由其他受益部门共同承担;但是为了提高通航标准而专门修建的建筑物，其额外增加的费用则应由航运部门负担。

（2）溢洪道和泄洪建筑物及其附属设备的投资，通常占水利枢纽工程总投资的相当大的比重，上述建筑物的任务包括有两方面：一为保证工程本身的安全，当发生稀遇洪水（例如千年一遇或万年一遇洪水）时，依靠泄洪建筑物的巨大泄洪能力而确保水库及大坝的安全；另一方面，对于一般洪水（例如 10 年一遇或 20 年一遇洪水），依靠上述建筑物及泄洪设备的控泄能力而能确保下游河道的防汛安全。前一部分任务所需的投资，应由各个受益部门共同负担；后一部分任务所需增加的投资，则应由下游防洪部门单独负担。

（3）灌溉、工业和城市生活用水，常常须修建专用的取水口和引水建筑物，其所需的投资应列为有关部门的专用投资。当这些部门所引用的水量，与其他部门用水（例如发电用水）结合时，则在此情况下投资分摊计算比较复杂。但不论在上述何种情况下，一般认为任一部门所负担的投资，不应超过该部门的最优替代工程方案所需的投资，也不应少于专为该部门服务的专用建筑物的投资。

7.3　投资费用的分摊方法

7.3.1　按各部门的用水量或所需的库容分摊

综合利用水利工程中的各个兴利部门，由水库引用的水量是各不相同的，但在一般情况下，某些兴利部门的用水是完全结合的或者部分结合的，但也有不结合的。各部门用水量亦可分为两部分：一部分是共用水量（或称结合水量）；另一部分是专用水量。因此，可以根据各部门所需调节水量的多少，按比例分摊共用建筑物的投资，至于专用建筑物的投资，则应由各受益部门单独负担。此法似较公平，但某些部门并不消耗水量，例如防洪部门仅要求保留一定的库容，航运要求保持一定的水深，因此运用此法具有一定的局限性。与上法相似，根据各部门所需库容的大小分摊共用建筑物的投资，专用建筑物的投资则由各受益部门单独承担。但防洪库容和兴利库容在一般情况下，是能部分结合的，在某些情况下完全不能结合，也有个别情况两者完全结合，视洪水预报精度及汛后来水量与用水量等具体条件而定。至于兴利库容，常为若干个兴利部门所共用，如按所需库容大小进行投资分摊，往往防洪部门所分摊的投资可能偏多，各个兴利部门所负担的投资可能偏小，实际上防洪库容也是为各个兴利部门服务的，因此这种按所需库容大小进行投资分摊也不尽合理。

7.3.2　按各部门的主次地位分摊

在综合利用水利工程中各部门所处的地位并不相同，往往某一部门占主导地位，要求水库的运行方式服从它的要求，其他次要部门的用水量及用水时间则处在从属的地位。在这种情况下，各个次要部门只负担为本身服务的专用建筑物的投资或可分投资，其余部分的投资全部由主导部门来承担。这种投资分摊方法适用于主导部门的地位十分明确，工程的主要任务是满足该部门的防洪或兴利要求。

7.3.3　可分费用剩余效益法（SCRB 法）

欧美、日本等国家一般采用所谓"可分费用剩余效益法"（The Separable Costs－Remaining Benefits Method），简称 SCRB 法。

所谓剩余效益，即某一受益部门在枢纽工程中承担费用的最高额与该受益部门在枢纽工程中承担费用的最低额的差值。"可分费用剩余效益法"是指各受益部门除承担本部门的可分费用外，按各受益部门的剩余效益在各部门剩余效益总和的比例来分摊枢纽工程的剩余费用，各受益部门承担的费用为可分费用与分摊费用之和。

"可分费用剩余效益法"要点与计算步骤如下述。

（1）计算整个水利工程的投资、年运行费的现值。

（2）计算各受益部门的可分投资、可分年运行费和可分费用的现值，并以各受益部门的可分费用作为各相应部门在枢纽工程中承担费用的最低额。

（3）计算各受益部门最优替代工程的费用现值。

（4）计算各受益部门的效益现值。

（5）在上述两者之中选择较小者作为本受益部门在枢纽工程中承担费用的最高额。

（6）用各受益部门在枢纽工程中承担费用的最高额减去该受益部门在枢纽工程中承担费用的最低额，即得剩余效益。

（7）计算各受益部门的分摊百分比，即各受益部门剩余效益比例。

（8）计算枢纽工程的剩余投资现值、剩余年运行费现值和剩余费用现值。

（9）计算各受益部门的分摊投资现值、分摊年运行费现值和分摊费用现值。

（10）计算各受益部门承担的投资现值、承担年运行费现值和承担费用现值。

（11）计算各受益部门承担费用的比例。

由于该方法计算步骤繁多，故实际操作过程一般是列表进行。

【例 7-1】　某综合利用水利工程的基本经济资料见表 7-1，试用"可分费用剩余效益法"进行枢纽工程的投资费用分摊。

表 7-1　　　　　　　　　各部门的投资、年费用和年效益表　　　　　　　　单位：万元

项　　目		投资现值	年运行费	年平均效益
综合水利工程		20000	1000	3000
可分费用	发电	10000	600	2000
	灌溉	4000	150	1000
替代费用	发电	14000	1000	2000
	灌溉	8000	100	1000
专用工程	发电	7000	520	
	灌溉	2000	120	

注　在本表计算中，假设 $n=50$ 年，$i=8\%$，年运行费现值＝年运行费×$[P/A, i, n]$。

年效益现值＝年效益×$[P/A, i, n]$。

解　列表 7-2 分摊计算如下。

序号	项目	内　　容	发电	灌溉	合计	备　注
表 7－2		用 SCRB 法进行分摊计算表				单位：万元
1	枢纽工程费用	a. 枢纽工程总费用现值			32233	$b+c$
		b. 枢纽工程投资现值			20000	表 7－1
		c. 枢纽工程年运行费现值			12233	折算值
2	可分费用	a. 可分费用现值	17340	5835	23175	$b+c$
		b. 可分投资现值	10000	4000	14000	表 7－1
		c. 可分年运行费现值	7340	1835	9175	折算值
3	替代工程费用	a. 替代工程总费用现值	26233	9223	35456	$b+c$
		b. 替代工程投资现值	14000	8000	22000	表 7－1
		c. 替代工程年运行费现值	12233	1223	13456	折算值
4	效益现值	各受益部门及枢纽工程效益现值	24466	12233	36699	表 7－1 折算值
5		各部门承担费用最高额	24466	9223	33689	3、4 中较小值
6	剩余效益		7126	3388	10514	5－2
7	分摊比例（%）		67.8	32.2	100	
8	枢纽剩余费用	a. 枢纽工程剩余费用现值			9058	$b+c$
		b. 枢纽工程剩余投资现值			6000	$1b-2b$
		c. 枢纽工程剩余年运行费现值			3058	$1c-2c$
9	分摊费用	a. 各受益部门分摊费用现值	6141	2917	9058	$b+c$
		b. 各受益部门分摊投资现值	4068	1932	6000	$7 \times 8b$
		c. 各受益部门分摊年运行费现值	2073	985	3058	$7 \times 8c$
10	承担费用	a. 各受益部门承担费用现值	23481	8752	32233	$b+c$
		b. 各受益部门承担投资现值	14068	5932	20000	$2b+9b$
		c. 各受益部门承担年运行费现值	9413	2820	12233	$2c+9c$
		d. 各受益部门承担费用比例（%）	72.8	2702	100	10/32233

7.3.4　合理替代费用分摊法

与上述 SCRB 法不同之处在于，本法用各部门专用工程的投资与费用，代替 SCRB 法中的可分投资和可分费用，其余计算方法与计算步骤基本相同。

合理替代费用分摊法与 SCRB 法的另一相似之处是：某一部门投资的最小分摊额，就是该部门的专用投资或可分投资，某一部门投资的最高分摊额，就是相应替代工程的投资。尽管合理替代费用分摊法的计算工作量较小一些，但 SCRB 法用各部门的可分投资代替前者的专用投资，可以使投资分摊的误差尽可能减少到最低程度，所以欧美、日本等国家现在比较广泛采用 SCRB 法，且已逐渐取代其他投资分摊方法。

7.4　对各种投资费用分摊方法的分析

经过分析比较，上面介绍的各种分摊方法对计算结果的影响并不算很大，因此可以认为，尽管综合利用水利工程的费用分摊理论尚不够完善，但一般采用不同分摊理论与计算方法所求出的计算成果可能相差不太大，因此可以根据各部门的具体情况，选定出各方面都能接受的比较简明的投资费用分摊方法。

采用各部门替代工程的费用作为本部门相对效益，然后按其比例进行费用分摊的原则，迄今仍为各国所采用。用各部门的直接受益（例如电费收入、农产品销售收入等），作为本部门的绝对效益，然后按其比例进行费用分摊，在我国目前情况下是较难实行的，主要因为某些产品的价格与价值存在严重的背离现象。此外，工农业产品之间还存在较大的剪刀差，一般说来，某些主要农产品价格偏低，用货币表示的绝对效益人为地被缩小；某些工业产品的价格偏高，用货币计算出来的绝对效益偏大。但从理论上说，从发展方向上看，根据各部门的绝对效益按比例进行费用分摊的原则，仍然是我们努力的方向。

综合利用水利工程各受益部门所分摊的费用，除应从分摊原则分析其是否公平合理外，还应从下列各方面进行合理性检查。

（1）任何部门所分摊的费用（包括投资年回收值和年运行费两方面）不应大于本部门最优替代工程的费用。在某种情况下，某一部门所分摊的投资，有可能超过替代工程的投资（$K_j > K_替$），而分摊的运行费可能小于替代工程；在另一种情况下，也可能出现 $u_j > u_替$，此时应调整 K_j 和 $K_替$，使总的分摊结果符合 $F_j < F_替$ 的原则。有关文献认为，在任何情况下，某一部分分摊的投资都不应大于本部门最优替代工程的投资，看来并不全面，还应考虑年运行费这一因素，年费用则包括了这两方面因素，比较全面。

（2）各受益部门所分摊的费用，不应小于因满足该部门需要所须增加的工程费用（即可分离费用），最少应承担为该部门服务的专用工程（包括配套工程）的费用。

如果检查分析时发现某部门分摊的投资和年运行费不尽合理时，应在各部门之间进行适当调整。

在综合利用水利工程各部门之间进行费用分摊，应该采用动态经济分析方法，即应该考虑资金的时间价值。根据实际情况，分别定出各部门及其替代工程的经济寿命 n（年）、折现率或基准收益率 i。

在初步设计阶段，对于重要的大型综合利用工程进行费用分摊时，尽可能采用按剩余效益分摊剩余费用或 SCRB 法，虽然计算工作量稍大些，但此法使各部门必须分摊的剩余费用尽可能减小，有利于减少费用分摊的误差。

如果兴建水利枢纽而使某些部门受到损失，为此修建专用建筑物以恢复原有部门的效益，这部分工程所需的费用，应计入综合利用工程的总费用中，由各受益部门按其所得的效益进行费用分摊。例如在原来可以通航的天然河道上，由于修筑大坝而使航运部门遭受损失，为此修建过船建筑物，这部分费用应由其他受益部门分摊。但为了提高航运标准而额外增加的各种专用设施，其所需要费用应由航运部门负担。

筏运、渔业、旅游等部门一般可不参与综合利用工程的费用分摊，因为在水库内虽然可以增加木筏的托运量，但却增加了过坝的困难；渔业、旅游等在水库建设中多为附属性质，因此可不分摊综合利用工程的费用，只须负担其专用设施的费用即可。

　　再次强调：为了保证国民经济各部门有计划按比例地协调发展，合理分配国家有限的资金；为了综合开发和利用各种水力资源，充分发挥其经济效益；为了不断提高综合利用水利工程的经营管理水平，进一步加强经济核算，对综合利用工程必须进行费用分摊，这是当前水利动能经济计算中迫切要求解决的一个课题。

第8章 防洪和治涝工程的经济评价

8.1 防洪工程的国民经济评价

8.1.1 洪灾损失及其特点

洪水灾害主要是指河流洪水泛滥成灾，淹没广大平原和城市；或者山洪暴发，冲毁和淹没土地、村镇和矿山；或者洪水引起的泥石流压田毁地以及冰凌灾害等。

洪灾损失最大的特点是在时空分布的随机性。年际间不同频率的洪水差别很大，相应的洪灾损失差别也很大；不同地区，由于经济条件不同，洪水特点不同，防洪措施的标准不同，即使是同一频率的洪水，在不同地区造成的洪灾损失差别也很大。

洪灾损失可分为两类：一类是有形损失，即可以用实物或货币计算的损失。有形损失又分为直接损失和间接损失。直接损失是指洪水直接造成的损失，间接损失是由直接损失带来的间接影响造成的损失。如交通中断造成运输损失是直接损失，由交通中断造成的工矿企业的停产所形成的损失则是间接损失。另一类损失是无形损失，指难以用货币计量的损失，如洪水造成的生态环境的破坏等。无形损失在方案的比较优选中要引起足够的重视。洪水造成的有形损失和无形损失都难以准确估计，因此洪灾损失的计算，由于考虑的深度和广度的不同，可能有很大的差别。

能用实物、货币计算的损失，按受灾对象的特点和计算上的方便，一般可以考虑以下几个方面：

（1）农产品损失。洪水泛滥成灾，影响作物收成，农作物遭受自然灾害的面积，称作受灾面积，减产30％以上的称作成灾面积。一般可将灾害程度分为四级：毁灭性灾害，作物荡然无存，损失100％；特重灾害，减产大于80％，重灾害，减产50％～80％；轻灾害，减产30％～50％。

在估算农作物损失时，为了反映其价值的损失，有人建议采用当地集市贸易的年平均价格计算；亦有人提出用国际市场价格，再加上运输费用及管理损耗等费用。在计算农作物损失时，秸秆的价值亦应考虑在内，可用农作物损失的某一百分数表示。

（2）房屋倒塌及牲畜损失。在计算这些损失时，要考虑到随着整个国民经济和农村经济的发展，房屋数量增多，质量提高，倒塌率降低，倒塌后残余值回收率增大等因素。

（3）人民财产损失。城乡人民群众的生产设施，例如机具、肥料、农药、种子、林木等；以及个人生活资料，例如用具、粮食、衣物、燃料等因水淹所造成的损失，一般可按某一损失率估算。50年代在淮河流域规划时，曾拟定损失率：长期浸水为25％～50％，短期浸水为5％～25％。

（4）工矿、城市的财产损失。包括城市、工矿的厂房、设备、住宅、办公楼、社会福利设施等不动产以及家具、衣物、商店百货、交通工具、可移动设备等动产损失。在考虑损失时，对城市、工矿区的洪水位、水深、淹没历时等要详细调查核定，并要考虑设备的更新程度、原有质量、洪水来临时转移的可能性、水毁后复建等因素，以确定损失的数量及其相应的损失率，不能笼统地全部按原价或新建价折算成为洪灾损失。城市、工矿企业因水灾而停工停产的损失，亦不应单纯按产值计算，一般只估算停工期间工资、管理、维修以及利润和税金等损失，而不计原材料、动力、燃料等消耗。

（5）工程损失。洪水冲毁水利工程，如水电站、堤防、涵闸、桥梁、码头、护岸、渠道、水井、排灌站等；冲毁交通运输公路、铁路、通信线路、航道船闸等；冲毁公用工程，如输电高压线、变电站、电视塔、自来水设施、排水设施、淤积下水道等。所有上述各项工程损失，可用国家拨付的工程修复专款来估算。

（6）交通运输中断损失。包括铁路、公路、航运、电信等因水毁中断，客、货运被迫停止所遭受的损失。特别是铁路中断，对国民经济影响甚大，主要包括：

1）线路中断修复费在遭遇各种频率洪水时，可按不同工程情况，估算铁路损坏长度，再以单位长度铁路造价的扩大指标进行估算。

2）中断期间客、货运费的损失。估算不同频率洪水时运输中断的天数、设计水平并或计算基准年的客、货运量、加权运距等，再按运价、票价、运输成本等计算运输损失值。

3）间接损失。关于铁路中断引起的间接损失，有一种情况是工矿企业的原材料、产品不能及时运进、运出，对生产和消费产生一系列的连锁反应，但这样考虑的范围很广，任意性很大。另一种情况是工矿企业和其他行业所需的原材料、物资等商品，一般均有储备，当铁路中断时，可用储备。目前国外一般是用绕道运输的办法来完成同样的运输任务，以绕道增加的费用来计算铁路中断损失。也可以考虑按停掉那些占用运输量大、产值利润小的企业损失来计算。

（7）其他损失。水灾后国家支付的生产救灾、医疗救护、病伤、抚恤等经费，洪水袭击时抗洪抢险费用、堤防决口、洪水泛滥、泥沙毁田、淤塞河道及排灌设施和土地地力恢复损失费用。

8.1.2 防洪工程的投资与年运行费

防洪工程投资通常包括主体工程、附属工程、配套工程投资，移民安置、淹没、浸没、挖压占地等的赔偿费用，科研、规划设计、勘测、环境保护以及维持生态平衡等必要的前期费用等。

在投资估算时，对物资的价格，不能采用现行价格，而应按影子价格计算。对劳动力的价格，不能按实际支付民工工资计算，而应按当地标准工资或该地区近期平均劳动日价值计算，对淹没、浸没、挖压占地和移民安置、拆迁投资，应按国家规定的赔偿标准计算。对分洪、滞洪区迁移居民和所淹没的工程、耕地，如果系若干年才遇一次，且持续时间不长，则可根据实际损失情况给予赔偿，作为洪灾损失考虑，不列入基建损失。

防洪工程的年运行费主要包括工程运行后，每年必须负担的岁修费、大修理费、日常管理费、防汛费等项。一般岁修费率为 $0.5\% \sim 1.0\%$，大修理费率为 $0.3\% \sim 0.5\%$，两

项合计为 $0.8\% \sim 1.5\%$。管理费可按各部门、各地区的有关规定或按照类似工程设施的实际开支确定。防汛费是防洪工程的一项特有费用，与防洪水位、工程标准、堤防的长度、高度、质量和防汛措施等许多因素有关，一般随防洪标准的提高而减少。其值可通过本地区或相应地区历年防汛费资料分析确定。

8.1.3 防洪工程效益计算

防洪工程的效益是指因修建防洪工程而减免的洪灾损失以及所减少的防汛抢险费用。因此防洪工程效益只有当遇到了超防洪标准的洪水才能体现出来。如果不发生超标准的洪水，效益就体现不出来，它是一种潜在的效益。

防洪效益分析是一个随机问题，防洪标准高，防御相应洪水时产生的防洪效益很大，但相应洪水发生的几率小，因此若按多年平均估计计算的效益就不一定很大。如果在很长时间内不发生相应的洪水，防洪效益就体现不出来，还会造成投资的积压，每年还得支付利息以及管理费等。因此防洪效益具有不确定性和不准确性。防洪效益通常采用多年平均的防洪效益来表示。

多年平均防洪效益 ＝ 工程实施前多年平均洪灾损失－工程实施后多年平均洪灾损失

$$(8-1)$$

洪灾损失与淹没的范围、深度、历时和淹没的对象有关，还与决口流量、行洪流速有关，这些因素是估计洪灾损失的基本资料。洪灾损失一般可通过历史资料对比法和水文水利计算法确定。

防洪效益的计算内容和步骤如下：

（1）洪水淹没范围。根据历史上几次典型洪水资料，通过水文水利计算，求出拟建工程兴建前后河道、分蓄洪区、淹没区的水位和流量，由地形图和有关的淹没资料查出防洪工程兴建前后的淹没范围、耕地面积、人口以及淹没对象的数量。

（2）洪灾损失率主要是根据本地区或地形地貌及经济水平相似的地区，对若干次已发生的大洪水进行典型调查分析后确定的。表 8-1 和表 8-2 是洪灾损失和洪灾损失率的调查实例。

表 8-1   若干省、区典型洪水灾害损失率调查表

地区及洪水		损失率（元/亩）	备 注
调查单位	洪水灾情		
河南	某地区 1975.8 洪水	475	受灾面积 297 万亩
河南	某县 1982 年洪水	263	受灾面积 51 万亩
安徽	某地区 1979 年洪水	560	受灾面积 85.3 万亩
广东	某县 1968 年和 1979 年洪水	600	
黄委	某滞洪区 1975.8 洪水	340～450	受灾面积 1000 万亩
长办	长江流域几个分洪区	905～986	

（3）洪灾损失及防洪效益的计算。洪灾损失一般是根据受灾地区典型调查材料，确定洪灾损失指标（每亩综合损失率），然后根据每亩综合损失率乘以淹没面积得到洪灾损失。

表 8－2　　　　某省某地区 1975.8 洪水淹没损失统计表（受灾面积 297 万亩）

项　目	单　位	数　量	单价（元/亩）	总值（万元）
一、直接损失				
1. 农业				31991
粮食作物	万亩	178.84	100	17884
经济作物	万亩	117.56	120	14107
2. 粮食储备	万斤	54000	0.2 元/斤	10800
3. 水利工程				2461
堤防				2075
小型水库	座	8		386
4. 群众财产				64507
房屋	万间	107.8	500	53900
家庭日用品				10394
牛、骡、马	头	2070		137
猪、羊	头	12930		76
5. 冲毁铁路路基、道路、钢轨、桥涵、损失机车、货车等				175
6. 其他（通信、仓库）				7416
二、间接损失				23733
1. 生产救灾				13900
2. 工厂停产（淹没仓库、停产 1 个月）				7600
3. 京广路运输（中断 1 个月）				2233
三、总计				141083
平均每亩损失（元/亩）				475

多年平均的防洪效益可采用频率曲线法和实际年系列法。

1. 频率曲线法

洪水成灾面积及其损失，与暴雨洪水频率等有关，因此必须对不同频率的洪水进行调查计算，以便制作洪灾损失频率曲线，求出修建工程前后多年平均损失值，进而求出多年平均的防洪效益，其计算步骤为：

（1）绘制洪灾损失频率曲线。对修建防洪工程前后分别计算不同频率洪水时受灾面积及其相应的洪灾损失。

$$洪灾损失 ＝ 受灾面积 × 综合损失率$$

由此绘制修建工程前后的洪灾损失频率曲线如图 8－1 所示。

（2）求修建工程前、后的多年洪灾损失。洪灾损失频率曲线与两坐标轴所包围的图形面积即为修建工程前、后各自的多年洪灾损失值（A_{oabc}、A_{odec}）。

（3）求修建工程前、后的多年平均洪灾损失。由多年洪灾损失值求出相应整个横坐标轴（0～100%）上的平均值，其纵坐标值即为各自的多年平均洪灾损失值（$of＝A_{oabc}$，$oh＝A_{odec}$），其中 of 为未修建工程的多年平均洪灾损失，oh 为修建工程后的多年平均洪灾损失。

（4）求多年平均的防洪效益。修建工程前、后多年平均洪灾损失的差值，即为多年平均的防洪效益，即 $\overline{B} = of - oh$。

实际计算时，可根据洪灾损失频率曲线，采用以直代曲的方法列表近似计算多年平均损失值 $\overline{S}$。

$$\overline{S} = \sum_{P_i=0}^{1} \frac{S_i + S_{i+1}}{2}(P_{i+1} - P_i) = \sum_{P_i=0}^{1} \Delta P_i \overline{S_i}$$

$$(8-2)$$

式中 P_i，P_{i+1}——两相邻频率；

S_i，S_{i+1}——两相邻频率的洪灾的损失；

ΔP_i——两相邻频率的频差，$\Delta P_i = P_{i+1} - P_i$；

$\overline{S}$——两相邻频率的洪灾损失的平均值，$\overline{S_i} = \dfrac{S_i + S_{i+1}}{2}$。

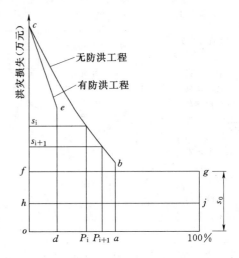

图 8-1 洪灾损失频率曲线及洪灾损失计算图

【例 8-1】 某江现状能防御 50 年一遇的洪水，超过此标准即发生决口。该江某水库建成后，能防御 300 年一遇的洪水，超过此标准假设也发生决口。有无此水库在遭遇各种不同的洪水时的损失见表 8-3，试求该水库的多年平均防洪效益。

表 8-3 某水库工程的防洪效益计算表 单位：亿元

工程情况	洪水频率 P_i	洪灾损失 S_i	频率差 ΔP_i	$\overline{S} = \dfrac{S_i + S_{i+1}}{2}$	$\Delta P_i \overline{S_i}$	年损失平均值 $\sum\limits_{P_i=0}^{1} \Delta P_i \overline{S_i}$	多年平均效益 $\overline{B}$
	(1)	(2)	(3)	(4)	(5)	(6)	(7)
无工程	>0.02	0					
	≤0.02	22					
	0.01	30	0.01	26.0	0.26		
	0.001	37	0.009	33.5	0.30		
	0.0001	45	0.0009	41.0	0.04	0.60	
有工程	>0.0033	0					
	≤0.0033	30					
	0.001	36	0.00233	33.0	0.077		
	0.0001	44	0.0009	40.0	0.036	0.113	0.487

解 根据表 8-3，计算结果：该江现状多年平均洪灾损失为 0.60 亿元，修建水库后洪灾损失为 0.113 亿元，则多年平均防洪效益 $B = 0.487$ 亿元。

2. 实际年系列法

从历史资料中选择一段相当长的洪水灾害资料比较齐全的实际年系列，逐年计算洪灾损失，取其平均值作为年平均洪灾损失。这种方法所选用的计算时段，对实际洪水的代表性和计算成果有较大的影响。

【例 8 - 2】 某水库于 1968 年建成投入使用，自 1968～1980 共 13 年，据统计共减少淹没耕地 580.8 万亩，试用年系列法计算该水库的多年平均防洪效益。

解

表 8 - 4 某水库 1968～1980 年的年平均防洪效益计算表

淹没区	分洪区	民垸区	洲滩地	总计
减少淹没耕地（万亩）	170.3	99	311.5	580.8
每亩淹没损失（元/亩）	300	1000	100	
累计防洪效益（万元）	5109	99000	31150	181240
年平均减少淹没耕地（万亩）	13.1	7.6	24.0	44.7
年平均效益（万元）	3930	7620	2400	13900

通过计算（见表 8 - 4）该水库的多年防洪效益总共为 18.12 亿元，多年平均防洪效益为 1.39 亿元。

8.1.4 考虑国民经济增长率的防洪效益的计算

随着国民经济的发展，在防洪保护区内的财产是逐年递增的，一旦遭受淹没，其单位面积的损失值也是逐年递增的。设 S_0、A 分别为防洪工程减淹范围内单位面积的损失值及平均减淹面积，则年平均防洪效益为

$$b_0 = s_0 A \qquad (8-3)$$

设防洪区内洪灾损失的年增长率（即防洪效益年增长率）为 j，则

$$b_t = b_0 (1+j)^t \qquad (8-4)$$

式中 b_t——防洪工程经济寿命期内第 t 年末的防洪效益；

t——年份序号，$t = 1, 2, \cdots, n$；其中 n 为经济寿命，设计算基准年在防洪工程的生产期第一年。

资金流程图如图 8 - 2 所示。

由 $G_1 = b_1 = b_0 (1+j)$，根据等比递增系列折算公式可知，在整个生产期内的防洪效益的现值为

$$B = G_1 [P/G_1, i, j, n]$$
$$= \frac{b_0 (1+j)}{1-j} \left[\frac{(1+i)^n - (1+j)^n}{(1+i)^n} \right]$$
$$(8-5)$$

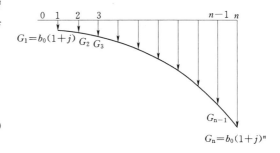

图 8 - 2 考虑经济增长的防洪工程效益计算图

8.1.5 防洪工程经济评价

1. 防洪工程经济评价的步骤

防洪工程经济分析的内容和任务，就是对技术上可能的各种措施方案，进行投资、年运行费、效益等的分析与计算，并综合考虑其他因素，确定最优防洪工程方案及其相应的技术经济参数和有关指标。

防洪工程经济评价的步骤如下：

（1）收集有关洪水、经济发展状况等方面的基本资料。

（2）论证兴建工程的必要性。

（3）拟定技术上可能的各种方案，并确定各方案的工程指标。

（4）调查分析并计算各个方案的投资，年运行费、效益等基本经济参数，具体的计算内容和方法如前所述。

（5）分析计算各方案的主要经济评价指标及其他辅助指标。

（6）进行方案的比较和优选，通过对各方案的经济评价分析和综合评价，确定比较合理的可行性方案。

【例 8-3】　某水库的主要任务是防洪。静态总投资是 21900 万元，1984 年开始建设，1988 年建成后投入使用，年运行费为 380 万元，运行期 40 年，期末无残值。经调查，在未建水库前，下游地区 5 年一遇洪水（$P=20\%$）时即发生洪水灾害。按 1982 年生产水平求出的有无水库时的洪灾损失值见表 8-5。

表 8-5　　　　　　　　　　在不同洪水频率下有、无水库的洪灾损失

洪水频率 P_i（%）	33	20	10	1	0.1	0.01
无水库时的洪灾损失 S_1（万元）	0	3699	7212	16135	19248	20766
有水库时的洪灾损失 S_2（万元）	0	0	0	6432	16210	19248

防洪工程一般无财务收入或收入很少，但按规范规定防洪工程在国民经济评价的基础上仍要对项目整体作财务评价。本案例仅作国民经济评价，财务评价可参阅本章 8.3 节及其他资料。

解　根据前面的方法可以计算出水库的多年的防洪效益 $b_0=1617$ 万元。假设水库下游的防洪效益年增长率 $j=4\%$，折现率 $i=10\%$，则折算到 1988 年年末时的效益 $b=b_0(1+j)^6=1671\times(1+4\%)^6=2046$（万元）。现将水库的投资、年运行费及年效益等绘制成资金流程图见图 8-3。

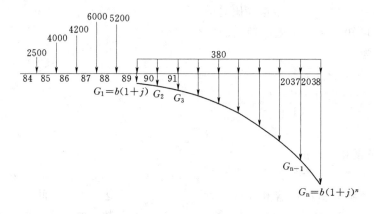

图 8-3　某水库工程资金流程图

设建设期第一年年初为基准点，计算 $ENPV$、$EBCR$、$EIRR$。

1. $ENPV$、$EBCR$ 的计算

$BPW = 2046 \times 1.04 \times (P/G_1, 10\%, 4\%, 40) \times (P/F, 10\%, 5) = 19683.8(万元)$

$\begin{aligned} CPW = & 2500 \times 1.1^{-1} + 4000 \times 1.1^{-2} + 4200 \times 1.1^{-3} + 6000 \times 1.1^{-4} + 5200 \times 1.1^{-5} \\ & + 380 \times (P/A, 10\%, 40) \times (P/F, 10\%, 5) = 18368.2(万元) \end{aligned}$

$$ENPV = BPW - CPW = 19683.8 - 18368.2 = 1315.6(万元) > 0$$

$$EBCR = \frac{BPW}{CPW} = \frac{19683.8}{18368.2} = 1.07(万元) > 1$$

初步计算表明该项目在经济上是合理的，可行的。

2. $EIRR$ 的计算

设 $i = 12\%$，可计算得：$BPW = 12779.3$ 万元，$CPW = 16761.1$（万元）

$ENPV = BPW - CPW = 12779.3 - 16761.1 = -3981.8$（万元）$< 0$

利用内插法求 $EIRR$

$$\frac{1315.6 + 3981.8}{10\% - 12\%} = \frac{1315.6 - 0}{10\% - EIRR}$$

$$EIRR = 10.5\% > i_s = 10\%$$

进一步计算表明该项目在经济上是合理的，可行的。

3. 敏感性分析

以效益和费用单项指标分别变化，计算结果如表 8-6。

表 8-6　　　　　　　　　　　　敏感性分析表　　　　　　　　　　　单位：万元

敏感性因素	费用现值 CPW	效益现值 BPW	$EBCR$	$ENPV$
基本方案	18368.2	19683.8	1.07	1315.6
费用增加+10%	20205.0	19683.8	0.97	−521.2
效益减少−10%	18368.2	17715.4	0.96	−652.8

通过计算表明，基本方案 $ENPV = 1315.6 > 0$，$EBCR = 1.07 > 1$，表明该工程的基本方案在经济上是合理的，但是，该方案在费用增加 10%，效益减少 −10% 的不利情况下，$EBCR$ 均小于 1.0，因此该方案对费用和效益均较敏感，该方案风险较大，要认真分析原因，决策时要慎重。

本例也可参阅其他有关资料按报表计算。

8.2 治涝工程经济评价

8.2.1 涝灾损失及其治理标准

1. 涝灾损失

地下水位过高或地面长时间积水、土壤的水分接近或达到饱和时间超过作物生长期所能忍耐的限度，使土壤中的空气和养分不能正常流通，抑制作物生长，必将造成作物的减产或萎缩死亡，这是涝渍灾害。

内涝的形成主要是暴雨后排水不畅，形成积水而造成的灾害，多发生在低洼平原地区；渍灾主要是由于长期阴雨和江河长期高水位，使地下水位抬高，抑制作物生长而导致的减产。涝灾是暴露性灾害，其损失称为涝灾的直接损失，渍灾是潜在性灾害，其损失称为涝灾的间接损失。在土壤受盐碱化威胁的地区，当地下水抬高至临界深度以上，常易形成土壤盐碱化。洪、涝、旱、碱灾害往往是伴随发生，为了确保农业生产稳定发展，各地要根据各自的实际情况，因地制宜实行综合治理。如南方圩皖地区地形平坦，大部分地面高程均在江、河（湖）的洪枯水位之间。每逢汛期，外河（湖）水位高于田面，圩内积水无法自流外排，形成涝渍灾害，特别是大水年份，外河（湖）洪水经常决口泛滥，形成外涝内渍。我国的北方平原如黄淮某些地区地势平坦，夏伏之际暴雨集中，往往易形成洪涝灾害；久旱不雨又易形成旱灾；有时洪涝、旱、碱灾害先后伴随发生或先洪后涝，或先涝后旱，或洪涝之后又土壤盐碱化。因此在南方要实行洪、涝、旱综合治理，在北方要实行洪、涝、旱、碱综合治理。

当农田中由于暴雨产生多余的地面水和过高的地下水位时，通常采取的措施有排、截、滞、抽等方法。各地可根据涝区的自然特点，历史灾情、工程现状等，在分析研究致涝成因和规律的基础上提出不同的治理方案和措施。

2. 治涝标准

（1）洪涝标准。一般以涝区发生一定重现期的暴雨而不受灾作为治涝的标准。选择重现期要根据各地区涝区的地形、水文、生产水平、经济状况，综合分析确定。按照 DL/T 5015—1996《水利水电工程水利动能设计规范》中规定，重现期一般采用 5～10 年。条件较好地区或有特殊要求的粮棉基地和大城市郊区，可以适当提高标准；条件较差的地区，可采用分期提高的办法。治涝设计中除应排除地面涝水外，还应考虑作物对降低地下水位的要求。设计排涝天数应根据排水条件和作物不减产的耐淹历时和淹没深度而定，见表 8-7。

表 8-7　　　　　　　　　　　　几种旱作物耐淹历时及耐淹水深表

作　物	小　麦	棉　花	玉　米	高　粱	大　豆	甘　薯
耐淹时间（d）	1	1～2	1～2	5～10	2～3	2～3
耐淹水深（cm）	10	5～10	8～12	30	10	10

（2）防渍标准。防渍标准是要求地下水位在降雨后一定时间内下降到作物的耐渍深度以下。作物耐渍的地下水深度，因气候、土壤、农作物品种，不同的生长期而不同，应根据试验资料确定。缺乏资料时可参阅表 8-8。

表 8-8　　　　　　　　　　　　几种旱作物耐渍时间与耐渍地下水深度表

作　物	小　麦	棉　花	玉　米	高　粱	大　豆	甘　薯
耐渍时间（d）	8～12	3～4	3～4	12～15	10～12	7～8
耐淹地下水深度（m）	1.0～2.0	1.0～1.2	1.0～1.2	0.8～1.0	0.8～1.0	0.8～1.0

（3）防碱标准。治碱措施通常有农业、水利、化学等改良盐碱地措施。水利措施主要

是建立良好的排水系统，控制地下水位不超过临界深度。地下水的临界深度是指不使土壤返盐碱的地下水深度。有关灌区地下水的临界深度，可参阅表8-9。

表8-9　　　　　　　　　　　若干灌区地下水的临界深度表

地区（灌区）	河南人民胜利渠灌区	河北深县	鲁北	山东打渔庄	陕西引洛灌区	新疆沙井子
土壤性质	中壤土	轻壤土	轻壤土	壤土	壤土	砂壤土
地下水矿化度（g/L）	2~5	3~5	3	1	1	10
临界深度（m）	1.7~2.0	2.1~2.3	1.8~2.0	2.0~2.4	1.8~2.0	2.0

8.2.2　治涝工程的损失及年运行费的计算

（1）投资计算。治涝工程的投资，应包括使工程能够发挥全部效益的主体工程和配套工程所需的投资。主体工程一般为国家基建工程，如输水渠（干、支渠）、骨干河道、容泄区以及有关的工程设施和建筑物等；配套工程包括各级排水沟及田间工程等，一般为集体筹资，群众出劳务，或以集体为主，国家补贴，各项应分别计算。对于支渠以下及田间配套工程的投资，一般有两种计算方法：①根据主体工程设计资料及施工记载，对附属工程进行投资估算；②通过典型灌区资料，按扩大指标估算损失。集体投工、投料均应按核算定额统计分析，基建工程中群众性的劳务开支，亦应按规定标准换算，以便比较。治涝工程是直接为农业服务的排水渠系，所占农田应列入基建工程赔偿费中。

（2）年运行费计算。治涝工程的年运行费，是指保证工程正常运行每年所需的经费开支，其中包括定期大修费、河道清淤维修费、燃料动力费、生产行政管理费、工作人员工资等。其费用的大小可根据工程投资的一定费率进行估算，可参考有关规程确定。

8.2.3　治涝工程的效益计算

治涝工程的效益，是用有无治涝工程措施所减免的涝灾损失来表示的。涝灾的损失主要是农作物的减产损失。可通过内涝积水量法、合轴相关分析法、实际年系列法及其他方法求出。

1. 内涝积水量法

农作物受涝减产的多少与积水深度、积水历时，地下水位变化情况、作物品种、作物生长期等因素均有关系，而内涝积水量在一定条件下可以反映积水深度、积水历时和地下水位变化等因素，因此可以通过研究内涝积水量来研究农作物减产的百分数，从而求出内涝损失值。

农作物的减产率表示农作物的减产程度。把多年涝渍成灾的面积及减产程度换算成绝产面积，绝产面积与总播种面积的比值的百分数即为减产率，即

$$\beta = \frac{F_c}{F} \times 100\% \qquad (8-6)$$

式中　β——减产率；

　　F——本地区内总的播种面积；

　　F_c——换算的绝产面积；$F_c = \sum_{i=1}^{m} t_i f_i + f_c$；

f_i——减产等级数为 i 时，减产 t_i（％）的受灾面积；

m——本地区的减产等级数；

f_c——调查的实际绝产面积。

减产程度一般可分为轻、中、重灾和绝产四级。有的地方规定减产率为 20％～40％ 为轻灾，40％～60％为中灾，60％～80％为重灾，80％以上为绝产。

为了计算兴建治涝工程前后各种情况的内涝损失，需做以下几个假定。

（1）农业减产率 β 随内涝积水量 V 变化而变化，即 $\beta=f（V）$。

（2）内涝积水量 V 是涝区出口控制站水位 Z 的函数，即 $V=g（Z）$。并假设内涝积水量仅随控制站水位而变，不受河槽断面大小的影响。

（3）假定灾情频率与降水频率和控制站的流量频率一致。内涝损失的具体计算步骤如下：

1）根据水文测站的记录资料，绘制兴建治涝工程前涝区出口控制站的历年实测流量过程线。

2）绘制兴建治涝工程前涝区出口控制站的历年理想流量过程线。理想流量过程线是指假定不发生内涝积水，所有排水系统畅通时的流量过程线。理想流量过程线的推求方法可参考其他资料。

3）推求单位面积的内涝积水量 V/A。把历年实测流量过程线及其相应的历年理想流量过程线对比，若理想流量过程线上的流量值大于实际流量过程线的流量值即认为发生内涝积水，两线间内涝积水区（阴影部分）的面积即为内涝积水量，进而求出历年内涝积水量 V。如图 8-4 所示，V/A 就是单位面积的内涝积水量，A 为该站以上的积水面积。

4）绘制 $V/A\sim\beta$ 的关系曲线。根据内涝调查资料，求出历年农业减产率 β，把历年单位面积内涝积水量 V/A 和相应的历年农业减产率 β 的关系曲线绘制如图 8-5 所示。该曲线即为内涝损失计算的基本曲线，可用于计算各种不同治理标准的内涝损失值。

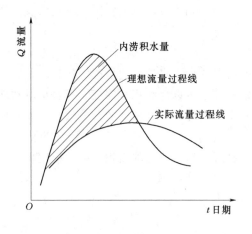

图 8-4　实测与理想流量过程线

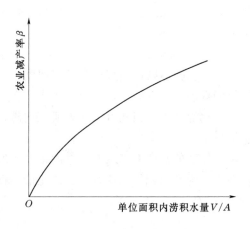

图 8-5　$V/A\sim\beta$ 关系线

5）求不同治理标准的各种频率单位面积的内涝积水量。根据各种频率的理想流量过程线，运用调蓄演算，即可求出不同治理标准（如不同河道的开挖断面）情况下，各种频率的单位面积的内涝积水量 V/A。

6）求内涝损失频率曲线。求出各种频率的V/A后，可查$V/A\sim\beta$关系曲线图得出农业减产率β，相应的内涝农业损失值＝$\beta\times$计划产量，再考虑房屋、居民财产等其他损失，即可绘出工程前后内涝损失频率曲线，如图8-6所示。

7）计算多年平均内涝损失和工程效益。求出各种治理标准下的内损失频率曲线与坐标轴之间的面积，即可求出各种治涝标准的多年平均内涝损失值，修建工程前的多年平均内涝损失值与它们的差值，即为相应于各种治涝标准的多年平均治涝效益。

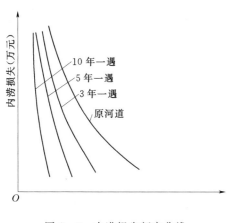

图8-6 内涝损失频率曲线

图8-7 雨量频率曲线

8.2.4 合轴相关分析法

该法是用修建治涝工程前的历史涝灾资料，来估计修建工程后的涝灾损失。

1. 几个假定

（1）涝灾损失仅是雨量的函数。

（2）降雨频率与涝灾频率相对应。

（3）小于或等于工程治理标准的降雨不产生涝灾，超过治理标准所增加的灾情（或涝灾减产率）与所增加的雨量相对应。

2. 计算步骤

（1）绘制计算雨期的雨量频率曲线。选择不同雨期（如1d，2d，3d，5d，…，30d，60d）的雨量与相应的涝灾面积（或涝灾损失率）进行分析，确定与涝灾关系较好的降雨时段作为计算雨期，绘制计算雨期的雨量频率曲线，如图8-7所示。

（2）绘制治理前雨量（$P+P_a$）～涝灾损失（涝灾减产率）曲线，如图8-8所示。P为治理前计算雨期的降雨量，P_a为前期影响雨量。

（3）推求治理前涝灾减产率β频率曲线。根据雨量频率曲线，雨量（$P+P_a$）～

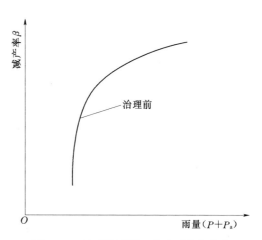

图8-8 治理前雨量～涝灾减产年曲线

涝灾减产率 β 曲线，用合轴相关图解法，求得治理前涝灾减产率频率曲线，如图 8-9 中的第一象限所示。

（4）绘治理后的涝灾减产率频率曲线。按治涝标准修建工程后，降雨量大于治涝标准的雨量（$P+P_a$）时才会成灾，如治涝标准为 5 年一遇或 3 年一遇的成灾降雨量较治理前成灾降雨量各增加 ΔP_1 和 ΔP_2，则 5 年一遇或 3 年一遇治涝标准所减少的灾害损失即由增加雨量 ΔP_1 或 ΔP_2 造成的，因此在图 8-9 的第三象限作 5 年一遇和 3 年一遇两条平行线，其与纵坐标的截距各为 ΔP_1 和 ΔP_2 即可。再按图 8-9 中的箭头所示方向，即可求得治涝标准 5 年一遇和 3 年一遇的减产频率曲线。其他治涝标准减产率频率曲线的作图方法与之相同。

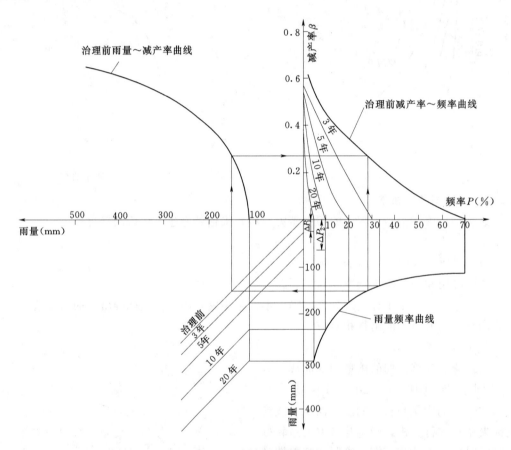

图 8-9 合轴相关分析图

（5）求不同治理标准下的治涝年平均效益。量算出治理前以及各种治涝标准的减产率频率曲线与两坐标轴间的面积，即为相应的年平均涝灾损失率 β，年平均涝灾损失＝年平均涝灾减产率×计划产量，兴建治涝工程后的治涝年平均效益＝修建工程前年平均涝灾损失－修建工程后年平均涝灾损失。

8.2.5 实际年系列法

对已建成的治涝工程，如治理前后都有长系列多年受灾面积统计资料，可以根据实际资料计算治理前后多年平均涝灾面积差值，再乘以单位面积涝灾损失值，这就是治涝工程的多年平均治涝效益。

8.3 防洪和治涝工程的财务评价

防洪、治涝工程建设，属具有社会公益性质的工程，无财务收入或财务收入很少，按规范规定，应对项目整体进行财务评价。

（1）对承担防洪任务的综合利用枢纽工程，财务评价的内容应包括两方面。一是对项目整体进行财务评价。对承担防洪任务的枢纽工程，由于其水库的调度运行要服从防洪要求，必定会影响其他功能的效益。而防洪属社会公益性质，无财务收入，因此应将项目的各项功能视为一整体进行财务分析，测算维持项目整体中各项功能正常运行所需要的年运行费以及总成本费用。年运行费的来源渠道可包括：①在综合利用枢纽中其他功能的财务收入中解决部分支出，部分依靠财政拨款，部分防洪保安基金返回用于工程管理等，或提出相应的政策措施如减免税额、提高供水价格、提高上网电价等以解决项目整体的财务费用支出；②对枢纽工程中有财务收入的功能如发电、供水、航运等分别进行财务评价。根据各项功能所占用项目整体中的实物指标，各功能效益现值、最优等效替代工程费用现值等因素，对各项功能进行投资分摊，并由分摊后的投资、计算的财务收入对该项目中各功能的盈利能力、清偿能力进行测算考察，提出相应的财务指标。财务评价的具体方法及指标分析可参照有关规范执行。

（2）对河道、堤防等完全属于社会公益性质，无财务收入的防洪治涝工程，按照规范要求应作财务分析，测算维持工程正常运行所需的维护管理费用。在财务分析中应提出基本反映客观实际的财务费用，可对项目的年运行费分项测算。经对不同地区不同工程情况调查，总结归纳出此类防洪治涝工程维护费用的估算如下。

1）土方工程的维护费。重点是计算土堤日常维护所需土方量，包括雨水冲刷土方流失、蚁鼠洞穴填补、堤顶道路轧毁修复等内容。各类土方流失量应根据以往工程运行、管理情况或类似工程分析确定，可用每延米所需土方数与堤防总长度及土方单价的乘积求得。维护土方量还应针对不同情况对新筑堤段和老堤加固堤段分别测算，为简化计算也可采用统一数值。

2）小型穿堤涵闸的维护费。重点是建筑物的设备材料、零配件的修理更换，闸门启闭所耗费的燃料及动力，涵洞、涵管的检查及维修费用。由于其单项工程规模小，工程数量多，难以套用现行规范。应根据以往工程运行情况分别估算每座涵洞（管）的维修费、小型闸门的运行费，与相应建筑物总数乘积求得。

3）大中型涵闸的维修费。堤防工程中包括大中型涵闸时，由于此类建筑物具有一定规模，其建设、管理、运行均应按相应的规范或批准的设计文件实施，其运行费应参照有关规范分析确定。

4）城市防洪墙的维护费。城市防洪墙一般均采用钢筋混凝土修筑而成，工程一次性投资较土堤大，但其安全性好，不易出现类似土堤的损坏或流失现象，因此不能套用土堤的维护费用。城市防洪墙均建在城市内或城市边缘，在工程上或工程附近游动人员较多，维护的重点是加强巡查，可按每个管理人员应负责管理的工程长度测算所需管理人员总数，再乘以每个管理人员的费用求得。其次还可考虑部分材料费。

5）护岸工程的维护费。护岸工程为水下工程，同时又是动态的，其维护方法和维护费用测算具有一定难度。重点是掌握各河段设计抛石方量及石方流失百分比，以此作为计算补抛维护方量的基础。可根据护岸工程设计中确定的重点守护段、一般守护段、新护段、加固段等不同情况分别确定。通过计算一个标准断面所需的维护方量与护岸工程长度乘积求得。

6）防洪工程管理人员的确定。在有关规范中规定了工程管理人员的数量及职责，但在防洪工程项目中，具体情况复杂多变，有些堤段如江苏长江堤防，由于历史原因及生产、生活习惯，堤防上的穿堤建筑物成百上千座，部分堤段平均每公里堤防上有 2～3 座涵闸等建筑物，增加了工程管理的难度和费用；有些堤段如江西长江干堤，由于地形条件，堤防处于丘陵地区，间断不连续，每段堤防的高度和长度都不大，相应的管理工作量就大大减轻。因此在计算确定工程管理人数时应根据具体情况分析确定。人员工资也应考虑地区的差别不应统一采用固定值。通过上述分项估算费用，可得出比较切合实际的防洪工程管理运行费。财务分析的目的还在于测算出年运行费后，提出年运行费的来源渠道或政策措施建议，以达到使这项资金费用有来源渠道，同时也告知工程项目的建设者和管理者，工程建成后要发挥设计效益，每年还需投入相应的管理费用，而不是一劳永逸。

第9章　灌溉和水力发电工程经济评价

9.1　灌溉工程的经济评价

9.1.1　灌溉工程措施

灌溉工程主要由从水源引水的取水枢纽和输水、配水的渠系工程组成。根据灌溉水源的条件、灌区地形和农田分布等因素的不同，灌溉工程主要有以下几种。

1. 蓄水工程

利用对径流的调蓄，解决或缓和天然径流和灌溉用水之间在时间、水量分配上的矛盾而采取的工程措施，称为蓄水工程。常见蓄水工程有调蓄河川径流的水库工程与调蓄地表径流的塘堰工程等。水库工程必须修建大坝、闸等挡水建筑物，一方面，提高了水位、扩大了灌区面积、为综合治理河流提供了基础；另一方面，水库工程的工程量大，施工期长，会带来水库淹没损失、移民等社会、环境的负面影响。

2. 自流引水工程

灌区附近水源丰富，灌溉用水不需调蓄，利用重力即可满足灌区用水要求的取水措施，称为自流引水工程。河流自流引水工程一般可分为无坝和有坝两种。当灌区附近河流水量、水位均能满足灌溉要求时，即无须在河流中修建拦河建筑物，只需选择适宜地点修建渠首引河水自流灌溉，称为无坝自流引水工程。灌区附近河流水量丰富、水位却不能满足灌溉要求时，靠在河流中修建坝、闸挡水建筑物，抬高水位至适当高程引水灌溉而采取的工程措施，称为有坝自流引水工程。

在丘陵山区，灌区位置较高，河流水位不能满足灌溉要求时，既可采用无坝引水自流工程，也可采用有坝引水自流工程。当采用前者措施时，往往需从河流上游水位较高处引水，借修筑较长的引水渠以取得自流灌溉的水头，此时引水工程一般较为艰巨。当采用后种方案时，需在河流上修建坝或闸工程，抬高水位，以便引水直流灌溉，该方案与无坝引水比较，虽然增加了拦河闸坝工程，却可缩短引水干渠，经济上可能是合理的。

3. 扬水工程

河流水量丰富，但灌区地理位置较高，有坝或无坝引水在技术上存在较大困难、经济上不合理，可考虑就近修建提灌站，由输水管道送入干渠渠首的工程，称为扬水工程。扬水工程虽可缩小干渠工程投资，但却增加了机电设备投资和年运行费，应通过经济技术比较确定。

4. 地下水开发工程

利用地下水作为灌溉水源的工程称为地下水开发工程。根据取水方式的不同，可分为垂直取水和水平取水。

5．调水工程

为从某一流域的丰水区向其他流域的缺水区送水所需修建的工程，称为调水工程。调水工程解决了来水与用水在时间、空间上存在的矛盾，为沿途自流灌溉和供水提供了条件。但是，调水工程涉及范围广，影响因素多，科学技术要求高，对自然环境和社会环境影响都很大。我国已成功完成引碧入连等调水工程，积累了一定的经验，大型的"南水北调"工程也正在规划和实施中。

对某一灌区，选择何种灌溉工程，需根据当地水源情况、灌溉面积、地形高程等多种因素来确定，可能是综合各种取水方式，形成蓄、引、提相结合的灌溉系统。总之，在灌溉工程规划设计中，究竟采用何种取水方式，应通过不同方案的技术经济分析比较，以综合净效益最高为原则，才能最终确定经济上最优的灌溉工程方案。

9.1.2　灌溉工程的投资及年运行费

灌溉工程的投资与年运行费是指全部工程费用的总和，包括渠道工程、渠系建筑物和设备、各级固定渠道以及田间工程等部分。

灌溉工程进行投资估算时，应分别计算各部分的工程量、材料量以及用工量，然后，根据各种工程的单价及工资、施工设备租用费、施工管理费、土地征收费、移民费以及其他不可预见费，确定灌溉工程的总投资。在规划阶段，由于尚未进行详细的工程设计，常用扩大指标进行投资估算。

灌溉工程的投资构成，一般包括国家及地方的基本建设投资、农田水利事业补助费、群众自筹资金和劳务投资。进行灌溉工程经济分析时，国家及地方的基建投资费用包括以下几部分。

1．渠首工程费用

渠首工程是根据灌区用水计划从水源引取符合要求的水量，在汛期能控制洪水保护渠系和正常运行需要的一系列工程。

2．渠系工程的全部费用（包括渠道及建筑物）

渠系工程指为了将计划用水安全输送和适量分配到需灌农田的工程。

以上两项应根据灌溉面积大小、工程难易程度、群众投资和投工来确定其费用。

3．土地平整费

灌区开发后，第一种情况是把旱作物改为水稻，土地平整要求高，工程量大；另一种情况是原为旱作物，为适应畦灌、沟灌需要平整地形，平整要求低一些，可平整为缓坡地形，因而工程量较小。平整土地所需的单位投资，亦可通过典型调查确定。

4．工程占地补偿费

通过典型调查，求出工程占地亩数。补偿费用计算方法有两种：一是按造田所需赔偿费用；二是将工程使用年限内农作物产值扣除农业成本费后作为赔偿费。

灌溉工程的年运行费，主要包括：①大修费，一般以投资的百分数计，土建工程为 $0.5\% \sim 1.0\%$，机电设备为 $3\% \sim 5\%$，金属结构为 $2\% \sim 3\%$。②经营管理费，包括建筑物和设备的经常维修费、工资、行政管理费以及灌区作物的种子、肥料等，可通过调查确定为投资的某一百分比。③燃料及动力费，当灌区采用提水灌溉或喷灌方法时，必须计入该项费用，该值随用水量和扬程的高低等因素而定。

9.1.3 灌溉工程经济效益分析的主要特点

（1）农作物产量和质量的提高，是灌溉工程、作物品种改良、肥料用量增加、耕作技术、植保措施改善等因素的综合结果，因此，有无灌溉项目获得的总增产值，应在水利和农业两部门之间进行合理的分摊。对综合措施或综合利用工程的费用，也应在各受益部门之间进行分摊。

（2）灌溉工程的经济效益年际之间有变化，一般取多年平均的增产效益作为灌溉工程的经济效益。

农作物对灌溉水量和灌水时间的要求以及灌溉水源本身，均直接受气候等因素变化的影响，由于水文气象因素每年均不相同，因此灌溉效益各年亦有差异，故不能用某一代表年来估算效益，估算灌溉效益时，不能采用某一保证率的代表年作为灌溉工程的年效益，计算灌溉工程的年经济效益应当采用某一代表时段的多年平均效益，或采用频率法计算的多年平均效益。此外，还应计算设计年及特大洪涝年或特大干旱年的效益，供项目决策研究。

（3）灌溉工程的经济分析需考虑资金的时间价值，尤其是大型灌溉工程，投资大，工期长，为了减少资金积压损失，应该考虑分期投资，分期配套，施工一片，完成一片，生效一片，尽快提前发挥工程效益，以便更加有效合理的利用资金。

（4）灌溉工程效益应按有无灌溉项目相比可获得的直接效益和间接效益计算。

9.1.4 灌溉效益的计算方法

灌溉效益包括两个重要方面：一是经济效益；二是社会效益。本书中所指的灌溉效益仅指经济效益。灌溉工程的经济效益，指灌溉和未灌溉相比所增加的农、经济作物、林、果、木、牧等的产值。它主要反映灌溉前后灌区农作物产量和质量的提高及产量的增加。

农业灌溉的经济效益的计算方法一般可以采用分摊系数法、影子水价法、缺水损失法和以灌溉保证率为参数推求多年平均增产效益法。

1. 分摊系数法

灌区开发后，农业技术措施有较大改进，灌溉措施只是某项综合规划的一部分，有无灌溉项目可获得的总增产值，是该项目和作物品种改良、肥料用量增加、耕作技术、植保措施改善等因素共同作用的结果，为此需要将有无灌溉措施增加的效益进行分摊。通常根据灌溉效益分摊系数 ε 分摊灌溉增加的毛效益作为灌溉效益。

灌区开发后的效益为：

$$B = \varepsilon \left[JB \left([] \sum_{i=1}^{n} A_i (Y_i - Y_{oi}) V_i + \sum_{i=1}^{n} A_i (Y_i' - Y_{oi}') V_i' [JB] \right) \right] \qquad (9-1)$$

式中　B——多年平均的灌区总增产值，元/年；

　　　A_i——灌区第 i 种作物种植面积，亩；

　　　Y_i——在采取灌溉措施后，灌区第 i 种作物的多年平均单位面积产量（kg/亩），可根据相似灌区、灌溉试验站、历史资料确定；

　　　Y_{oi}——在未采取灌溉措施时，灌区第 i 种作物的多年平均单位面积产量（kg/亩），可根据无灌溉措施地区的调查资料分析确定；

V_i——第 i 种作物产品价格，元/kg；

Y_i'、Y_{oi}'——有无灌溉的第 i 种作物副产品的多年平均单位面积产量（kg/亩），可根据调查资料确定；

V_i'——相应于第 i 种作物副产品的价格，元/kg；

i——农作物种类的序号；

n——农作物种类的总数目；

ε——灌溉效益分摊系数，应根据各地区农业生产对灌溉的依赖程度、灌溉以后其他技术措施如耕作技术、良种推广、病虫害防治及施肥条件等变化情况进行具体分析确定。

若灌区开发前后，农业技术措施基本相同，即采取灌溉措施前后，其他投入增加不多，与灌溉投入相比较小，就可以近似将灌区开发前后的净收入之差的绝对值作为灌溉措施的净效益，加上该措施的投入就是毛收益。也可直接利用上式计算，其中 $\varepsilon=1.0$。

该法的关键是灌溉分摊系数 ε 的确定。ε 的确定方法有两种：

（1）根据试验资料确定分摊系数 ε。

在灌区实验站选择土壤、水文地质条件均匀一致的试验区，分成若干小区进行下述试验：

1）不进行灌溉，采取一般水平的农业技术措施，亩产 Y_1（kg/亩）。

2）进行充分灌溉，采取一般水平的农业技术措施，亩产 Y_2（kg/亩）。

3）不进行灌溉，采取较高水平的农业技术措施，亩产 Y_3（kg/亩）。

4）进行充分灌溉，采取较高水平的农业技术措施，亩产 Y_4（kg/亩）。

灌溉工程的效益分摊系数　$\varepsilon_{灌}=(Y_2-Y_1)/[(Y_2-Y_1)+(Y_3-Y_1)]$ （9-2）

农业措施的效益分摊系数　$\varepsilon_{农}=(Y_3-Y_1)/[(Y_2-Y_1)+(Y_3-Y_1)]$ （9-3）

且　　　　　　　　　　　　$\varepsilon_{灌}+\varepsilon_{农}=1.0$

（2）根据调查和统计资料分析确定。对无法进行研究试验的灌区，可进行实地调查，收集有关数据，并结合灌区的相关统计资料，研究分析确定效益分摊系数。所需收集的资料有：①在无灌溉工程的前几年，主要由农业技术措施获得的亩产 Y_1；②在有灌溉工程后的最初几年，农业技术措施还不会显著影响产量，产量的增加主要由灌溉工程所致的亩产 Y_2；③灌区开发若干年后，农业技术措施和灌溉工程同时发挥综合作用的亩产 Y_3。

则灌溉工程的效益分摊系数

$$\varepsilon=(Y_2-Y_1)/(Y_3-Y_1)$$ （9-4）

一般丰、平水年份和农业生产水平较高的地区灌溉效益的分摊系数取较低值，反之取较高值。在实际确定灌溉工程的效益分摊系数 ε 时，应结合当地情况，尽可能选用与当地情况相近的试验数据分析确定。

近年来国内有关学者、专家对灌溉效益分摊系数进行了研究分析，其结果见表 9-1。

2. 影子水价法

按灌溉供水量乘该地区的影子水价计算。本法适用于已进行灌溉水资源影子价格研究取得合理成果的地区。

表 9 - 1 我国各省区灌溉效益分摊系数

地 区	平均分摊系数	分摊系数变化范围	地 区	平均分摊系数	分摊系数变化范围
北京市	0.52		山东省	0.68	
天津市	0.25		河南省	0.45	0.4～0.5
河北省	0.46	0.3～0.6	湖北省	0.45	
山西省	0.59		湖南省	0.41	
内蒙古自治区	0.64		广东省	0.30	0.3～0.4
辽宁省	0.50	0.3～0.55	广西壮族自治区	0.46	0.33～0.49
吉林省	0.55	0.4～0.65	四川省	0.42	
黑龙江省	0.55	0.5～0.6	贵州省	0.41	0.2～0.5
上海市	0.43	0.29～0.71	云南省	0.60	0.35～1.0
江苏省	0.46	0.26～0.56	陕西省	0.42	0.35～0.6
浙江省	0.45		甘肃省	0.70	0.68～0.7
安徽省	0.45		宁夏回族自治区	0.62	
福建省	0.60		新疆维族自治区	0.68	
江西省	0.67				

3. 缺水损失法

按灌区缺水使农业减产造成的损失计算灌溉工程经济效益。其计算公式为：

$$B = (d_1 - d_2)AYSP \tag{9-5}$$

式中 B——多年平均灌溉效益，万元；

d_1、d_2——无灌溉项目和有灌溉项目时的多年平均减产系数，减产系数＝农作物在该生育阶段缺水后实际产量/水分得到满足情况下的产量；

A——项目控制的灌溉面积，万亩；

Y——单位面积上农作物的产量，kg/亩；

SP——单位产量的影子价格，元/kg。

4. 以灌溉保证率为参数推求多年平均增产效益

当灌溉工程建成后，保证年份及破坏年份的灌区产量均有调查或试验资料时，其多年平均增产效益 B 可按下式计算：

$$\begin{aligned}
B &= A[Y(P_1 - P_2) + (1-P_1)d_1Y - (1-P_2)d_2Y] \times V \\
&= A[YP_1 + (1-P_1)d_1Y - (1-P_2)d_2Y - YP_2] \times V \\
&= A[YP_1 + (1-P_1)d_1Y - Y_0] \times V
\end{aligned} \tag{9-6}$$

式中 A——灌溉面积，亩；

P_1、P_2——有无灌溉工程时的灌溉保证率；

Y——保证年份灌溉工程的多年平均亩产量，kg/亩；

d_1、d_2——减产系数；

d_1Y、d_2Y——有无灌溉工程灌区在破坏年份的多年平均亩产量，kg/亩；

Y_0——无灌溉工程时灌区多年平均亩产量，kg/亩；

V——农产品价格，元/kg。

灌溉工程兴建前后的农业技术措施有较大变化时，需乘以灌溉工程效益分摊系数 ε。

减产系数 d 取决于缺水量和缺水时间，三者之间关系如图 9 - 1 所示。图中，缺水系数 β＝缺水量/作物在该生育阶段的需水量。

对于经济作物、林、果、木、草等的灌溉效益计算，可用类似方法计算。

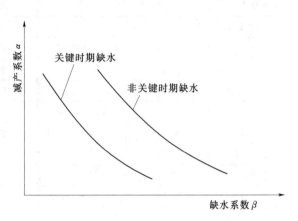

图 9 - 1　减产系数 d 与缺水系数 β 的关系

9.1.5　灌溉工程经济评价

灌溉工程经济评价包括国民经济评价和财务评价。灌溉工程经济评价需考虑资金的时间价值。对灌溉工程进行经济评价，在于对项目各种可能采用的方案进行投资、年运行费及效益的分析，从而确定方案的可行性。

当进行国民经济评价时，可通过计算一个或几个经济评价指标，如经济内部收益率 $EIRR$、经济净现值 $ENPV$ 和经济效益费用比 $EBCR$，来寻找经济上合理的、最有利的方案。其具体步骤如下：

（1）水库投资分摊计算。采用第 7 章所介绍的费用分摊法计算出灌溉工程应分摊的水库投资比例。

（2）灌溉工程年运行费计算。灌溉工程的年运行费包括两部分：一是灌溉应分摊水库的年运行费，可根据各部门使用的库容比例等分摊法进行分摊；二是灌区年运行费。

（3）灌溉工程国民经济效益计算。采用灌溉工程的经济效益计算方法，求出水利工程措施所带来的灌溉效益。

（4）国民经济评价。计算一个或几个经济评价指标，如 $EIRR$、$ENPV$、$EBCR$，根据所求出的指标值判别工程在经济上是否有利。

当进行财务评价时，按第 6 章所介绍的方法进行。若财务净现值 $FNPV<0$，财务内部收益率 $FIRR<i_c$，则应提出有效的改善财务措施，以便使工程财务上可行。

9.2　水力发电工程的经济评价

9.2.1　水力发电工程投资

水电站的投资，亦称"水电站基本建设投资"，指在勘测、设计、科研、实验以及施工中为建设水电站枢纽所花费的全部资金。主要包括：勘测、规划、设计、试验等前期工作费用；主体工程、附属工程和临时建筑工程的投资；配套工程的投资；开发性移民工程投资和淹没、浸没、挖压占地、移民迁建所需费用；处理工程的不利影响，保护或改善生态环境的费用；其他无法预先估计的费用等。水电站单位千瓦投资与电站建设条件密切相关，随着水电站开发条件逐渐困难，库区移民安置标准的提高，物价的上涨，施工机械化程度的不断增加等原因，水电站平均单位千瓦投资逐年增加，20 世纪 50 年代为 1000 元左右，60 年代约为 1500 元左右，70 年代约为 2000 元左右，80 年代约为 3000 元左右。举世闻名的三峡水利工程投资（以 1990 年不变价格计算）为 570 亿元，水电站装机容量为 1820 万 kW（共有 26 台机组，单机容量 70 万 kW），折合单位 kW 投资为 3132 元（投资尚未在防洪、发电、航运等受益部门之间分摊）。号称"亚洲第二、华南第一"的龙滩水电站工程总投资（按 2000 年价格水平测算）为 243 亿元，水电站总装机容量为 540 万 kW（共有 9 台机组，单机容量 60 万 kW），折合单位 kW 投资为 4500 元（投资尚未在防洪、发电、航运等受益部门之间分摊）。

从水电站基建投资的构成比例看，永久性建筑工程约占 32%～45%；机电设备购置与安装费约占 18%～25%，该项的主要投资为水轮发电机组和升压变电站，其单位千瓦投资主要与机组类型、单机容量大小和设计水头等因素有关，其中水轮发电机组的单位千瓦投资约占 180～300 元；临时工程投资约占 15%～20%，其中主要为施工队伍的房建投资和施工机械的购置费；建设占地及库区移民安置等费用共约占 10%～35%，这与库区移民安置方式、水库淹没的具体情况、补偿标准及金属结构设备购置情况等因素有关。

输变电工程投资，一般并不包括在水电站投资内，而是单独列为一个工程项目。由于水电站一般远离负荷中心地区，输变电工程的投资有时可能达到水电站投资的 1/3 以上。当与火电站进行经济比较时，水电站投资应考虑输变电工程费用。

9.2.2　水力发电工程的年运行费

水电站在正常运行中所需的年经常性支出，统称为水电站的年运行费。通常包括以下各部分：

1. 工程维修费

包括原规程中大修理费在各年的分摊值、易损设备的更新费及例行的年修、养护费等。凡为恢复固定资产原有物质形态和生产能力，对原有固定资产耗损的主要组成部件进行周期性的更换与维修的统称为大修。大修每隔两年左右进行一次，由于大修费用较多，因此每年从收入中提存一部分费用供大修时集中使用。

$$大修理费 = 固定资产原值 \times 大修理费率$$

2. 材料费

指所有库存材料和委托加工的材料费，其中包括各种辅助材料及其他原材料费用。

3. 水费

由于水电厂与水库管理处往往隶属不同的管理系统，因此电厂发电用水应向水库管理处或其主管单位缴付水费。发电专用水的水价应与其他部门（如灌溉、航运、供水等）利用水的水价有所不同。汛期水电站为减少无益弃水量而增加发电量所用水量的水价应更低廉些。

4. 工程管理费

包括管理机构的职工工资（可按电厂职工编制计算）、职工福利费、行政管理费及日常的观测和科研试验费等。

5. 其他费用

包括办公费、旅差费、科研教育费等。

为了综合反映水电站所需费用的大小，常用年费用表示。当采用不同的经济分析方法时，年费用的表达式也不一样，分以下两种情况：

(1) 当进行静态经济分析时，水电站年费用为基本折旧费与上述年运行费之和，即

$$年费用 = 基本折旧费 + 年运行费 \qquad (9-7)$$
$$基本折旧费 = 固定资产原值 \times 基本折旧率$$

(2) 当进行动态经济分析时，水电站年费用为本利年摊还值与年运行费之和，即

$$年费用 = 水电站造价现值 \times [A/P, i, n] + 年运行费 \qquad (9-8)$$

式中　　$[A/P, i, n]$——本利年摊还因子；

　　　　i——折算率，当进行国民经济评价时，为社会折现率 i_s；当进行财务评价时，为行业基准收益率 i_c；

　　　　n——水电站的经济寿命。

9.2.3　水力发电工程的国民经济效益计算

1. 最优等效替代法

用同等程度满足电力系统需要的最优替代电站的影子费用，作为水力发电效益。此法是设计单位常用的方法。

根据目前大多数国家的经济与商业模式，火电无疑是水电的主要竞争者，也就意味着水电站的最优替代方案是火力发电站。因此，如修建某水电站，则可不修建其替代电站，该水电站的经济效益可认为是替代电站的影子费用（包括投资与运行费），即水电站的国民经济效益 $B_水$ 等于替代电站的年费用 $NF_火$。

$$B_水 = NF_火 = 火电站造价现值 \times [A/P, i, n] + 固定年运行费 + 年燃料费$$

$$(9-9)$$

式中　　$[A/P, i, n]$——本利摊还因子；

　　　　n——火电站经济寿命，一般采用 25 年；

　　　　i——社会折现率或行业基准收益率。

2. 影子电价法

按项目提供的有效电量乘影子电价计算水电站的国民经济效益。

$$水电站的国民经济效益 B_水 = 水电站年供电量(E_水) \times 影子电价(S_电) \qquad (9-10)$$

此法直截了当，容易理解，关键在于合理确定影子电价。各电网的影子电价应由主管部门根据长远电力发展规划统一预测。缺乏资料时，可参照国家发改委颁布的《建设项目经济评价方法与参数》中有关规定，结合电力系统和电站的具体条件，分析确定影子电价。

9.2.4　水力发电工程财务收益计算

在水电站财务评价中，通常用建设项目的发供电收益，作为水电站的财务收益，一般按以下两种情况计算。

1. 实行电网统一核算的建设项目

$$售电收益 = 有效电量 \times (1 - 厂用电率) \times (1 - 线损率) \times 计算电价 \qquad (9-11)$$
$$电厂收入 = 售电收入 \times (发电成本 / 售电成本)$$
$$= 售电收入 - (网局经营成本 + 网局利润) \qquad (9-12)$$

式中　有效电量——通过系统负荷预测、系统电力电量平衡、计入设备检修及设备事故率

因素，计算出可为用户或系统利用的水电站多年平均发电量；

厂用电率——根据建设项目的具体情况计算或参照类似工程的统计资料分析确定；

线损率——根据本县电网当年实际综合线损率，适当考虑在建设期间改进管理工作、减少线损率等因素确定；

计算电价——采用"新电新价"的售电价，当实行丰枯、峰谷不同电价时采用综合售电价，或采用满足还贷条件反推的售电价。

2. 实行独立核算的建设项目

$$售电收益 = 有效电量 \times (1 - 厂用电率) \times (1 - 配套输变电损失率) \times 计算电价$$

$$(9-13)$$

9.2.5 水力发电工程经济评价的任务

水力发电工程经济评价分国民经济评价和财务评价。

国民经济评价是建设项目经济评价的核心部分，通过计算本项目的效益、费用、净效益或效益费用比，评价建设项目在经济上的合理性。国民经济评价可用经济内部收益率（$EIRR$）、经济净现值（$ENPV$）、经济净现值率（$ENPVR$）和效益费用比（B/C）作为评价指标，其中 $EIRR$ 为主要指标，其余指标为辅助指标。

建设项目的财务评价，是根据国家现行财税制度和电价格体系，测算项目的实际收入和实际支出，全面考察项目的盈利能力和清偿能力等财务状况，据此判别项目财务上的可行性。水电建设项目财务评价的主要内容包括：资金筹措、实际收入与实际支出、税金、利润、贷款偿还能力、财务评价指标计算等。

9.2.6 水力发电工程经济评价的步骤

现以一小水电建设项目（指装机容量 25000kW 以下电站和其配套电网的新建、改建、扩建、复建、更新改造项目，以及主要由中小水电站网供电的县级农村电气化规划）实例，说明水电建设项目经济评价的具体步骤。

【例 9-1】 RD 水电站装机容量为 $4 \times 400kW$，设计多年平均发电量为 621.23 万千瓦时。经投资估算，该电站工程总投资为 1173.92 万元。本工程施工期为一年，生产期采用 20 年，则经济评价计算期为 21 年。对 RD 水电站进行经济评价。

解 1. 国民经济评价

主要评价指标是经济内部收益率，辅助指标是经济净现值和经济净现值率。社会折现率 $i_s = 12\%$。

国民经济评价投入与产出均按影子价格计算，本工程投资与年运行费根据经验及相似电站评价参数，按比率 0.95 进行调整。电价按影子价格计算，并按 SL16—95《小水电建设项目经济评价规程》进行相应调整。

（1）费用计算。

1）工程投资。国民经济评价时采用的工程投资应按财务投资用影子价格进行调整计算，本工程根据经验及相似电站评价参数，按比率 0.95 调整，则工程投资为 $1173.92 \times 0.95 = 1115.22$（万元）。

2）年运行费。根据财务评价的年运行费作相应调整，即国民经济评价时的年运行费为 $45.81 \times 0.95 = 43.52$（万元）。

（2）效益计算。水电站的国民经济效益指发电效益。

国民经济评价时的发电效益按影子电价计算，小水电建设项目国民经济评价中的影子电价，根据国家发改委颁布的各大电网影子电价为基础，结合小水电的特点，采用相应的调整系数进行调整，按下式进行。

$$S = (K_1 K_2 K_3) \times （国家发改委规定所属地区平均影子电价）$$

式中　　K_1——与大电网关系调整系数，为 1.10；

　　　　K_2——缺电情况调整系数 1.00；

　　　　K_3——交通运输条件调整系数 1.10。

国家发改委颁布的七大电网影子电价本电站所属电网为 0.3287 元/（kW·h）。

则影子电价 $S = 1.10 \times 1.00 \times 1.10 \times 0.3287 = 0.40$ 元/（kW·h）。

根据式（9-10），即可求出水电站的年发电收益作为水电站的国民经济效益。

则年发电收益为：年上网电量×影子电价＝588.4×0.4＝235.36（万元）。

（3）评价指标计算与分析。根据本工程国民经济评价费用和效益，编制经济效益费用流量表，详见表9-2。主要国民经济评价指标如下：

表 9-2　　　　　　　　　　　　　经济效益费用流量表

序号	项　目	建设期	生　产　期				合计
		1	2	…	20	21	
	年末装机容量		1600	…	1600	1600	
	年有效发电量（万 kW·h）		590.17	…	590.17	590.17	11803.40
	年上网电量（万 kW·h）		588.40	…	588.40	588.40	11768.00
1	效益流量 B（万元）		235.36	…	235.36	352.75	4824.59
1.1	销售收益 B_1（万元）		235.36	…	235.36	235.36	4707.20
1.2	回收固定资产余值 B_2（万元）					117.39	117.39
	流入小计（万元）		235.36	…	235.36	352.75	4824.59
2	费用流量 C（万元）	1173.92	43.52	…	43.52	43.52	2044.32
2.1	固定资产投资 C_1（万元）	1173.92					1173.92
2.2	年运行费 C_2（万元）		43.52	…	43.52	43.52	870.40
	流出小计（万元）	1173.92	43.52	…	43.52	43.52	2044.32
3	净效益流量（万元）	−1173.92	191.84	…	191.84	309.23	2780.27
4	累计净效益流量（万元）	−1173.92	−982.08	…	2471.04	2780.27	

指标计算：经济内部收益率：15.53%；

　　　　　经济净现值：242.14 万元（i_s＝12%）；

　　　　　经济净现值率：20.63%。

1）经济内部收益率（EIRR）。EIRR 是使项目在计算期内的经济净现值累积等于零的折现率。其表达式为：

$$\sum_{t=1}^{n} (B-C)_t (1+EIRR)^{-t} = 0$$

式中　　B——现金流入量，包括发电收益和回收固定资产余值；

C——现金流出量，包括固定资产投资与年运行费表示。

经试算，当 $EIRR=15.53\%$ 时，在计算期内经济净现值累计恰好等于零。

2）经济净现值（$ENPV$）。$ENPV$ 是用社会折现率 i_s 将项目计算期内各年的净效益 $(B-C)_t$ 折算到建设期起点（即开工的第一年年初）的现值之和，其表达式为

$$ENPV = \sum_{t=1}^{n}(B-C)_t(1+i_s)^{-t}$$

经计算，$ENPV=242.14$ 万元（$i_s=12\%$）。

3）经济净现值率 $ENPVR=ENPV/I_p=20.63\%$。

式中　I_p——投资（包括固定资产投资和流动资金）的现值。

从以上指标可以看出，本项目的经济内部收益率为 15.53%，大于社会折现率 12%，经济净现值和经济净现值率均大于零，说明本工程国民经济评价可行。

（4）敏感性分析。由于国民经济评价所用的投资和效益，有些来自预测和估算，存在一定的误差，对经济评价指标会产生一定的影响，因此，需进行敏感性分析。假设投资增加 10% 或效益减少 10% 两种情况进行敏感性分析。计算结果详见表 9 - 3。

表 9 - 3　　　　　　　　　　　敏感性分析计算汇总表

项　目	单　位	基本方案	投资增加 10%	效益减少 10%
投资	万元	1173.92	1291.31	1173.92
年效益	万元	235.36	235.36	211.82
社会折现率	%	12	12	12
经济净现值	万元	242.12	131.41	85.15
经济内部收益率	%	15.53	13.92	13.24
经济净现值率	%	20.63	11.19	7.25

通过敏感性分析可以看出，本工程在投资增加 10% 或效益减少 10% 两种单因素变化情况下，国民经济评价指标均符合要求，说明该工程具有一定的抗风险性。

2. 财务评价

财务评价的目的是在国家现行财税制度和价格体系的条件下，考察建设项目的财务可行性。主要计算财务内部收益率，财务净现值和财务净现值率等指标。财务基准收益率 i_c 为 10%。

（1）固定资产投资及资金来源。财务评价时的固定资产投资为工程概算的静态总投资，该工程固定资产投资来源为集资参股。

（2）售电成本计算。售电成本包括发电成本和供电成本，本工程只计算发电成本，包括折旧费、年运行费、摊销费和利息支出。

1）折旧费：各单项工程折旧费之和，计算公式如下：

$$折旧费 = \sum_{i=1}^{n}\frac{第\ i\ 项工程固定资产值-净残值}{第\ i\ 项工程折旧年限}$$

本工程各项固定资产的折旧年限分别为：大坝 50 年、厂房及房屋建筑 40 年、机电与

闸门及启闭设施 20 年、净残率取 5%，则本工程的年折旧费为：

$$\frac{165.27 \times (1-5\%)}{50} + \frac{168.97 \times (1-5\%)}{40} + \frac{561.92 \times (1-5\%)}{20}$$

$$= 3.14 + 4.01 + 26.69 = 33.84 (万元)$$

2）年运行费：包括工资、福利费、修理费及其他费用等。

工资及福利费：本工程编制定员为 38 人，年平均工资按类似小水电站人均工资 7200 元计，职工福利费按职工工资总额 14% 计算，则工资福利费为 38×7200×（1+14%）= 311904（元）= 31.19（万元）。

修理费：修理费按固定资产原值的 1% 计取，即为 1173.92×1% = 11.74（万元）。

其他费用：按《小水电建设项目经济评价规程》B4.5 选取本电站的其他费用定额为 18 元/kW，则其他费用为 1600×18 = 28800 元 = 2.88（万元）。

则年运行费为：31.19 + 11.74 + 2.88 = 45.81（万元）。

3）摊销费：摊销费包括无形资产和递延资产分期摊销，这里只考虑无形资产。根据新财会制度规定，固定资产投资中的移民费 33.73 万元属无形资产，按 20 年摊销，则年摊销费为 33.73/20 = 1.69 万元。

（3）销售收入、税金、利润计算。

1）销售收入。由于本项目实行独立核算，故销售收入只计算发电效益。

本电站设计多年平均发电量 621.23 万 kW·h，根据本电站的调节性能，选取有效电量系数为 0.95，则年有效电量为 621.23×0.95 = 590.17（万 kW·h），厂用电率取 0.3%，则年上网电量为 590.17×（1-0.3%）= 588.40（万 kW·h）。

根据业主提供的上网电价 0.25 元/度计算，本工程的年发电收益为 588.40×0.25 = 147.10（万元），据此计算财务评价不可行。通过反推电价，当上网电价为 0.33 元/kW·h 时，财务评价才可行。

根据式（9-13）计算，其发电收益为 588.40×0.33 = 194.17（万元）。

2）税金计算。

$$销售税金 = 增值税 + 教育费附加 + 城市维护建设费$$

增值税按销售收入的 6% 计算，教育费附加按增值税的 3% 计算，城市维护建设费按增值税的 1% 计算。

以上三项税金合计 12.12 万元。

3）利润计算。利润有销售利润、可分配利润、未分配利润等。

$$销售利润 = 销售收入 - 售电成本 - 销售税金 = 销售收入 - 发电成本 - 销售税金$$
$$= 194.17 - 81.34 - 12.12 = 100.71 (万元)$$

（4）评价指标计算与分析。

1）财务内部收益率 FIRR。财务内部收益率是指项目在计算期内各年净现金流量现值累计等于零时的折现率，是用以反映项目盈利能力的重要动态指标，其表达式为

$$\sum_{t=1}^{n} (CI - CO)_t (1 + FIRR)^{-t} = 0$$

式中 CI——现金流入量，指各年发电收入；

CO——现金流出量，指各年的固定资产投资、年运行费、销售税金等；

$(CI-CO)_t$——第 t 年的净现金流量；

n——计算期年数。

$FIRR \geqslant i_c$（行业基准收益率）时，该项目即被认为在财务上是可行的，否则，该项目被认为在财务上是不可行的，财务内部收益率 $FIRR$ 可用试算法求得，当上网电价为 0.25 元/（kW·h）时，财务内部收益率 5.19%；当上网电价为 0.33 元/（kW·h）时，财务内部收益率 10.05%；

2）财务净现值。财务净现值是指项目按行业基准收益率 i_c 将各年的净现金流量折现到基准点的现值之和，其表达式分别为

$$FNPV = \sum_{t=1}^{n} (CI-CO)_t (1+i_c)^{-t}$$

财务净现值大于或等于零的项目，即 $FNPV \geqslant 0$ 被认为财务上是可行的。

通过计算，当上网电价为 0.25 元/kW·h 时，财务净现值－338.45 万元；当上网电价为 0.33 元/（kW·h）时，财务净现值 3.10 万元。

从以上评价指标可以看出，当上网电价为 0.25 元/（kW·h）时，财务评价不可行。当上网电价为 0.33 元/（kW·h）时，其财务评价可行。

根据前面计算的各基础数据，编制了以下财务报表：财务现金流量表 9-4（一）、（二）、成本利润表 9-5（一）、（二）。

表 9-4　　　　财务现金流量表［上网电价 0.25 元/（kW·h）］（一）　　　单位：万元

| 序号 | 项 目 | 建设期 1 | 生 产 期 | | | | 合计 |
			2	3	…	20	21	
	年末装机容量(kW)	1600	1600	1600	…	1600	1600	
	年有效发电量(万 kW·h)		590.17	590.17	…	590.17	590.17	11803.04
	年上网电量(万 kW·h)		588.40	588.40	…	588.40	588.40	11768.00
1	效益流量							
1.1	销售收益		147.10	147.10	…	147.10	147.10	2942.00
1.2	回收固定资产余值						117.39	117.39
	流入小计		147.10	147.10	…	147.10	264.49	3059.39
2	费用流量							
2.1	固定资产投资	1173.92						1173.92
2.2	年运行费		45.81	45.81	…	45.81	45.81	916.20
2.3	销售锐金及附加		9.18	9.18	…	9.18	9.18	183.60
	流出小计	1173.92	54.99	54.99	…	54.99	54.99	2273.72
3	净效益流量	－1173.92	92.11	92.11	…	92.11	209.50	785.67
4	累计净效益流量	－1173.92	－1081.81	－989.70	…	576.17	785.67	

指标计算：财务内部收益率：5.19%；

　　　　　财务净现值（$I_c=10\%$）：－338.45 万元。

表 9-4　　　　　　　　**财务现金流量表 [上网电价 0.33 元/ (kW·h)] (二)**　　　　　单位：万元

序号	项　目	建设期 1	生　产　期 2	...	20	21	合计
	年末装机容量 （kW）	1600	1600	...	1600	1600	
	年有效发电量（万 kW·h）		590.17	...	590.17	590.17	11803.40
	年上网电量（万 kW·h）		588.40	...	588.40	588.40	11768.00
1	效益流量						
1.1	销售收益		194.17	...	194.17	194.17	3883.40
1.2	回收固定资产余值					117.39	117.39
	流入小计		194.17	...	194.17	311.56	4000.79
2	费用流量						
2.1	固定资产投资	1173.92					1173.92
2.2	年运行费		45.81	...	45.81	45.81	916.20
2.3	销售锐金及附加		12.12	...	12.12	12.12	242.40
	流出小计	1173.92	57.93	...	57.93	57.93	2332.52
3	净效益流量	−1173.92	136.24	...	136.24	253.63	1668.27
4	累计净效益流量	−1173.92	−1037.68	...	1414.64	1668.27	

指标计算：财务内部收益率：10.05%；

　　　　　财务净现值（$i_c = 10\%$）：3.10 万元。

表 9-5　　　　　　　　**成本利润表 [上网电价 0.25 元/ (kW·h)] (一)**　　　　　单位：万元

序号	项　目	生　产　期 2	3	...	20	21	合计
	年末装机容量 （kW）	1600	1600	...	1600	1600	
1	销售收入	147.10	147.10	...	147.10	147.10	2942.00
2	发电总成本	81.34	81.34	...	81.34	81.34	1626.80
2-1	修理费	11.74	11.74	...	11.74	11.74	234.80
2-2	工资及福利费	31.19	31.19	...	31.19	31.19	623.80
2-3	其他费用	2.88	2.88	...	2.88	2.88	57.60
2-4	摊销费	1.69	1.69	...	1.69	1.69	33.80
2-5	发电年折旧费	33.84	33.84	...	33.84	33.84	676.80
3	税金及附加	9.18	9.18	...	9.18	9.18	9.18
3-1	增值税	8.83	8.83	...	8.83	8.83	176.60
3-2	教育费附加	0.26	0.26	...	0.26	0.26	5.20
3-3	城市维护建设税	0.09	0.09	...	0.09	0.09	0.89
4	销售利润	56.58	56.58	...	56.58	56.58	1131.60
5	所得税	0.00	0.00	...	0.00	0.00	0.00
6	可分配利润	56.58	56.58	...	56.58	56.58	56.58
6-1	盈余公积、公益金	5.66	5.66	...	5.66	5.66	5.66
6-2	应付利润	0.00	0.00	...	0.00	0.00	0.00
6-3	未分配利润	50.92	50.92	...	50.92	50.92	1018.40
	累计未分配利润	50.92	101.84	...	967.48	1018.40	

表 9-5 成本利润表 [上网电价 0.33 元/（kW·h）]（二） 单位：万元

序号	项 目	生 产 期					合计
		2	3	…	20	21	
	年末装机容量（kW）	1600	1600	…	1600	1600	
1	销售收入	194.17	194.17	…	194.17	194.17	3883.40
2	发电总成本	81.34	81.34	…	81.34	81.34	1626.80
2-1	修理费	11.74	11.74	…	11.74	11.74	234.80
2-2	工资及福利费	31.19	31.19	…	31.19	31.19	623.80
2-3	其他费用	2.88	2.88	…	2.88	2.88	57.60
2-4	摊销费	1.69	1.69	…	1.69	1.69	33.80
2-5	发电年折旧费	33.84	33.84	…	33.84	33.84	676.80
3	税金及附加	12.12	12.12	…	12.12	12.12	242.40
3-1	增值税	11.65	11.65	…	11.65	11.65	233.00
3-2	教育费附加	0.35	0.35	…	0.35	0.35	7.00
3-3	城市维护建设税	0.12	0.12	…	0.12	0.12	2.40
4	销售利润	100.71	100.71	…	100.71	100.71	2014.20
5	所得税	0.00	0.00	…	0.00	0.00	0.00
6	可分配利润	100.71	100.71	…	100.71	100.71	2014.20
6-1	盈余公积、公益金	10.07	10.07	…	10.07	10.07	201.40
6-2	应付利润	0.00	0.00	…	0.00	0.00	0.00
6-3	未分配利润	90.64	90.64	…	90.64	90.64	1812.80
	累计未分配利润	90.64	181.28	…	1722.16	1812.80	

3. 综合评价

根据国民经济评价与财务评价的计算结果，结合一些辅助静态指标，列经济评价指标汇总表 9-6。

表 9-6 经济评价指标汇总表

项 目		单 位	指 标	备 注
单位千瓦投资		元/kW	7337	
单位电能投资		元/（kW·h）	1.89	
国民经济评价	经济内部收益率	%	15.53	
	经济净现值	万元	242.14	$I_s = 12\%$
	经济净现值率	%	20.63	
	静态投资回收年限	年	7.12	含一年建设期
财务评价	财务内部收益率	%	10.05	上网电价 0.33 元/度
	财务净现值（$I = 10\%$）	万元	3.10	上网电价 0.33 元/度
	财务净现值率	%	0.26	上网电价 0.33 元/度
	投资利润率	%	8.58	上网电价 0.33 元/度

从表 9 - 5 中的经济评价指标可以看出，本工程的国民经济评价指标满足要求，国民经济评价可行；财务评价时按反推电价 0.33 元/（kW·h）计算，则财务评价指标满足要求，财务评价可行。

第 10 章 城镇供水工程经济评价

10.1 概　　述

10.1.1 供水概述

1. 我国城镇供水简述

水是人类活动和社会经济发展的物质基础。随着经济的发展，人民生活水平的提高，城镇的工业、生活用水的增长速度加快，再加上工业发展带来的水质污染，大量未经处理的污水直接排入河道、湖泊中，污染了地面水和地下水，使得城市供水不足和水质污染问题更加严重。水资源短缺的矛盾将更加突出，全国约有百余个城市先后发生了较为严重的缺水现象，北京、天津、哈尔滨、大连、沈阳、烟台、威海等城市均出现过供水十分紧张的局面，已不同程度地影响到了人们的正常生活，城市水资源不足的问题将越来越成为水资源供需矛盾的焦点，据有关资料分析，到 2030 年工业用水约需增加 1000 亿 m^3，生活用水将达到 500 多亿 m^3。据专家论证，我国未来水资源需求的增加量主要表现在工业用水和生活用水方面，也就是主要表现在城镇用水上。随着社会经济的进一步发展，城市化进度的加快，我们必须充分认识到我国水资源紧缺的问题，解决好城镇供水。为此，一方面必须要大力抓好节约用水、保护水资源、提高水的重复利用率；另一方面实行跨流域调水（南水北调）解决我国北方城市供水不足问题。显然，为做好这两方面的工作，就必须重视城镇供水工程的经济评价，优选城镇供水工程方案，以提高供水工程的经济效益。

2. 城镇供水工程的特点

（1）城镇供水工程对水量和水质的要求很高。随着城镇生活水平的提高和工业用水量的增长，对水源的开发要求越来越高，城镇居民生活用水必须符合国家规定的饮用水水质标准；工业用水对水质的要求也很高，根据各类产品质量要求的不同也不一样，必须根据各类产品质量要求来确定。

（2）城镇供水工程对供水可靠性的要求高。城镇供水要求有很高的可靠性，一般要求供水保证率在 95% 以上，这是因为非预见性的停水将造成很大损失，将给城镇居民的生活造成极大的混乱。

（3）城镇供水具有广泛的社会性。由于水是人们日常工作和生活中必不可少的物质基础，所以城镇居民生活用水不仅仅是一个经济问题，而且还是一个具有公共福利性质的政治问题和社会问题，因此，城镇供水工程不能只从经济角度进行分析和评价，还应从社会角度、政治角度和环境角度等方面进行分析。

10.1.2 城镇供水的内容

城镇用水可分为工矿企业用水和居民生活用水两部分。居民生活用水包括城镇居民家庭生活用水、党政事业单位、学校、医院、商业、服务性行业和公益性事业用水等；工矿企业用水包括冷却水、空调水、产品及生产过程用水和其他用水（如工矿区洗涤和职工生活用水）等。

1. 城镇生活用水

随着经济的发展和社会的进步，我国城市化水平在逐步提高，城市人口的增加和生活水平的提高，城镇生活用水量将呈现日益增加的趋势。据有关资料分析，到 2010 年我国城镇人口占总人口的比例将达到 42%，到 2030 年前后城镇人口比例将达到 50% 左右，根据我国国情并参考国际用水标准，2030 年前后，我国城镇人口人均每天用水量 250L（包括市政用水），全国城镇年用水量约 730 亿 m^3。因此加强水资源的保护和管理，搞好开源、节流、杜绝浪费是解决我国水资源矛盾的重要措施。

城镇生活用水包括家庭用水、公共设施用水、商业用水和其他用水。

（1）家庭用水。家庭用水包括饮食、洗涤、喷洒庭院和浇花养殖等，约占城镇生活用水的 50%。

（2）公共设施用水。公共设施用水包括公园、医院、学校、机关、文化馆、影戏院、俱乐部等单位用水。

（3）商业用水。商业用水包括商店、仓库和管理机构用水。

（4）其他生活用水。其他生活用水主要指工矿企业的非生产性用水。

2. 工业用水

根据生产中的用水情况，大体上可分为冷却用水、空调水、产品用水和其他用水四类。

（1）冷却用水。在工业生产过程中用来吸收多余的热量，以冷却生产设备的水称为冷却水。如火力发电站、冶金厂、化工厂等工业生产的冷却用水。冷却水用量很大，在某些沿海城市大量采用海水作为冷却水，以弥补当地淡水资源的不足，城市工业的冷却用水量一般占工业总用水量的 70% 左右。

（2）空调用水。空调用水主要用以调节生产车间内的温度和湿度，如纺织工业、电子仪表工业、精密机床工业等为调节生产车间内的温度、湿度以保证产品质量而使用的水。

（3）产品用水。产品用水又叫工艺用水，包括产品原料用水和生产介质用水。前者为产品的组成部分，如食品工业、水果罐头、饮料等产品用水；后者为参与生产过程的介质，参与生产过程，最后作为工业废水排出，如造纸、印染、电镀等工业的生产用水。工业废水易造成环境污染，是一大灾害，现已成为现代化工业城市环境保护中的突出问题。

（4）其他用水。主要包括场地清洗用水、车间用水、职工生活用水。

10.1.3　城镇供水工程的投资和年运行费

1. 投资

城镇供水工程投资包括水源工程投资（取水工程）、水厂工程投资、水处理设施工程投资和供水管网工程投资。

（1）水源工程投资。若为地下水水源，取水工程多为水井（少数为截潜流工程）；若为地表水水源，可取自河道或利用水利枢纽引水，但通常需开挖引水渠道，有时还需建一级泵站，一般指引水渠首工程投资和渠道投资。若水源引水枢纽工程为多目标开发时，工程投资应进行合理分摊。

（2）水厂工程投资。水厂工程投资包括二级泵站、水塔和储水池等项投资。

（3）水处理设施工程投资。水处理设施工程投资包括引水、沉淀、过滤及消毒等项投资。有时还需要进行硬水软化、地下水除铁、海水淡化、污水处理等特殊工程设施和设备方面的投资。

（4）供水管网投资。供水管网是供水工程的重要组成部分。主要指自来水厂引水至用户所需管道的投资。其投资比重的大小由水源地或水厂与用户之间的距离决定。

2. 年运行费

供水工程年运行费也称年经营成本，是指城镇供水工程在运行中所需的燃料、材料费和动力费、维修费、大修理费、工资、行政管理费和补救赔偿费等。

若城镇供水工程属于综合利用工程的组成部分，其年运行费也应在各受益部门间进行合理分摊，计算出供水功能应分摊的年运行费。

10.1.4 城镇供水工程效益

城镇供水工程的经济效益有广义和狭义的理解。广义上来讲，是指供水工程对整个国民经济发展与人民生活水平所造成的直接和间接的有利影响，包括有形的和无形的经济效益。狭义上来讲，主要是指供水工程给工农业生产及人民生活以及工程管理单位带来的各种直接经济收入。

城镇供水工程效益主要体现在提高工业产品的数量和质量以及提高城镇居民的生活水平和健康水平方面。没有水，不仅工业生产不能进行，而且人类也无法赖以生存。城镇供水效益不仅仅是一个经济效益，更重要的是具有难以估算的社会效益。根据《水利建设项目经济评价规范》的规定，城镇供水效益应按该项目向城镇工矿企业和居民提供生产、生活用水可获得的效益计算，以多年平均效益、设计年效益和特大干旱年效益表示。

10.2 城镇供水工程的经济效益计算方法

城镇供水效益计算可采用"最优等效替代法"、"缺水损失法"、"分摊系数法"和"影子水价法"。其中影子水价法是按城镇供水项目的供水量乘以该地区的影子水价计算供水效益。适用于已进行水资源影子价格研究的地区，这种方法在理论上虽然是可行的，但问题是水资源影子价格的分析计算，需要较多的资料，而且由于水资源作为商品的特殊性，计算水资源的影子价格目前是有一定困难的，还有待进一步研究。

10.2.1 最优等效替代法

为满足供水要求，在技术上往往有各种可能的供水方案，如利用河湖地面水、当地地下水、由水库输水、跨流域调水或采用海水淡化等。这些不同的方案都需要支出投资和运行费用，修建了城镇供水工程，可以节省这些替代方案的费用，最优等效替代法就是把举办最优等效（同等程度满足供水需要，包括水量和水质）替代措施的年费用作为供水工程的年效益。此方法的前提是必须为供水工程选择最优等效替代方案，这也是该方法的难点和关键所在。

【例10-1】 某供水工程以"多项引水工程"——6个小水库作为替代方案。多年平均引水量为6000万 m^3，工程投资20000万元，工程计算期35年，年运行费为2500万元,试用替代方案法计算该供水工程的年效益(资金折现率 $i = 10\%$)。

解 在同等满足国民经济需要的前提下,最优等效替代工程(多项引水工程)的年折算费用为:

$$20000 \frac{i(1+i)^n}{(1+i)^n - 1} + 2500 = 20000 \frac{10\%(1+10\%)^{35}}{(1+10\%)^{35} - 1} + 2500$$
$$= 20000 \times 0.10369 + 2500$$
$$= 4573.8(万元)$$

由此可见,该供水工程的计算年效益为 4573.8 万元。

10.2.2 缺水损失法

该方法是按因缺水使城镇工矿企业停产、减产等所造成的损失计算供水工程的效益。在水资源贫乏地区,由于供水不足,造成工业企业部分停产、减产、产品质量下降,从而造成工业净产值或利税值减少,并影响工业发展的速度,为减少因供水不足而造成的工业损失,及时兴建、扩建供水系统。缺水损失法就是将这些损失作为供水工程的效益。应用该方法计算供水工程效益时,必须进行深入的调查研究,系统地收集因缺水造成的经济损失资料,求出多年平均损失值作为供水工程的多年平均效益。

【例 10-2】 某城市多年平均引水量 4600 万 m^3。1991 该市发生特大旱情,自 1991 年 8 月到 1992 年 7 月,供水工程向市内供水共减少 3550 万 m^3,利税损失达 7000 万元,试用缺水损失法计算供水工程的年效益。

解 每减少 1 m^3 供水利税损失为:

$$7000 万元 \div 3550 万 m^3 = 1.97(元/m^3)$$

供水工程的年效益为:

$$4600 万 m^3 \times 1.97 元/m^3 = 9062(万元)$$

10.2.3 分摊系数法

分摊系数法是按水在工业中的地位分摊工业效益计算供水效益。水是工业生产中的必要因素,工业生产的效益离不开水的贡献,此法就是利用一定的分摊系数把供水的效益从工业总效益中分出来。分摊结果的正确与否,关键在于分摊系数的取值。实际工作中,一般采用城市供水投资占该城市工业建设总产值或净值的百分数作为分摊系数。该方法实际上是把供水工程投资与工矿企业总产值同等看待,用相同的投资收益率来计算供水工程的效益。

【例 10-3】 某城市拟兴建一项供水工程,该市工业万元产值用水量为 250 m^3/万元,工业总产值为 18 亿元,年用水量 3500 万 m^3,工业净产值为工业总产值的 33%。拟建工程投资占该城市工业建设总投资的 8%。试用分摊系数法计算供水工程的年效益。

解 (1)按工业总产值分摊法计算。

每立方米供水的效益为:

$$\frac{10000}{250} \times 8\% = 3.2(元/m^3)$$

供水年效益为:

$$3500 \times 3.2 = 11200(万元)$$

（2）按工业净产值分摊法计算。

每立方米供水的效益为：

$$\frac{10000}{250} \times 33\% \times 8\% = 1.06(元/m^3)$$

供水年效益为：

$$3500 \times 1.06 = 3710(万元)$$

由上述计算结果可以看出，两种分摊法的计算结果相差很大。一般工业的年运行费率比供水工程的年运行费率要大些，因此按投资分摊工业总产值将会使供水分摊效益偏大。若考虑这一情况，按工业净产值进行分摊，则比较合理一些。

对于分摊系数法，除采用上述方法外，也可直接按供水工程固定资产原值与所在城市的工业固定资产原值之比再乘以该城市的工业净产值求得供水工程的国民经济年效益。

【例 10-4】 某城市的工业固定资产原值为 50 亿元，工业净产值 13 亿元。该市某供水工程固定资产原值为 3 亿元。则其供水工程的年效益为：

$$\frac{3}{50} \times 130000 = 7800(万元)$$

10.3 城镇供水工程经济评价

10.3.1 国民经济评价

国民经济评价应采用影子价格和国家规定的社会折现率来计算项目的费用和效益。建设项目的费用，应是国民经济为项目建设投入的全部代价；建设项目的效益，应是项目为国民经济所作出的全部贡献。国民经济评价一般以经济内部收益率、经济净现值和经济效益费用比等作为评价指标。

10.3.2 财务评价

供水工程的财务评价是从供水企业的角度，按实际支付的投资、年运行费及实际收取的水费标准，对供水工程在财务上的可行性进行分析评价。财务评价指标一般是以财务内部收益率、财务净现值和贷款偿还期为主要评价指标，以投资利税率等作为辅助指标。

【例 10-5】 某城镇一大型供水工程，建设期 2 年，经分析计算需要投资 2100 万元，其中固定资产投资 1500 万元，流动资金 600 万元。第 3 年开始供水，年供水量为 300 万 m^3，第 4 年供水量为 600 万 m^3；第 5 年供水量为 800 万 m^3；第 6 年达到设计水平，年供水量为 1000 万 m^3。假设到第 10 年达到设计寿命，固定资产残值为 80 万元。工程建设费用采用部分贷款：固定资产贷款为 1100 万元，贷款年利率为 10%；流动资金贷款 500 万元，贷款年利率为 8%。根据贷款协议，贷款还本付息，从投产后开始每年末等额本金偿还。有关自有资金和贷款使用情况见表 10-1。

该工程建成后，工业和城镇供水各占 50%，工业用水水价为 1.88 元/m^3，生活用水水价为 1.5 元/m^3。试进行该供水工程项目的财务评价。

表 10-1　　　　　　　　　供水工程项目资金来源及使用安排表　　　　　　　单位：万元

时间（年末）	0	1	2	3	备　注
自有资金	400		100		自有资金 500 万元，其中
固定资产贷款	600	500			400 万元用于固定资产投资，
流动资产贷款			200	300	100 万元用于流动资金

解　1. 计算项目贷款还本付息情况

据贷款协议，从投产后开始（第 3 年）末每年等额偿还本金，则：

（1）资产贷款第 2 年末贷款余额为：

$$600 \times (1 + 10\%)^2 + 500 \times (1 + 10\%) = 1276（万元）$$

从第 3 年至第 10 年，每年偿还本金为：

$$1276 \div 8 = 159.5（万元）$$

从第 3 年到第 10 年，每年偿还利息为：

第 3 年支付固定资产贷款利息为：

$$1276 \times 10\% = 127.6（万元）$$

第 3 年末固定资产贷款余额为：

$$1276 \times (1 + 10\%) - 159.5 - 127.6 = 1116.5（万元）$$

第 4 年支付固定资产贷款利息为：

$$1116.5 \times 10\% = 111.7（万元）$$

依此类推，可计算出每年末的固定资产贷款余额和贷款付息，见表 10-2。

表 10-2　　　　　　　　　　　贷 款 还 本 付 息 表　　　　　　　　　　单位：万元

时间（年末）	0	1	2	3	4	5	6	7	8	9	10
1. 年末欠款累计											
1.1 固定资产	600	1160	1276	1116.5	957	797.5	638	478.5	319	159.5	
1.2 流动资金			200	475	407.1	339.3	271.4	203.6	135.7	67.86	
2. 年末还本付息											
2.1 固定资产贷款还本				159.5	159.5	159.5	159.5	159.5	159.5	159.5	159.5
2.2 固定资产贷款付息				127.6	111.7	95.7	79.8	63.8	47.9	31.9	16.0
2.3 流动资金贷款还本				25	67.86	67.86	67.86	67.86	67.86	67.86	67.86
2.4 流动资金贷款付息				16	38	32.6	27.1	21.7	16.3	10.9	5.4

（2）流动资金贷款第 2 年为 200 万元，从第三年起到第 10 年，每年等额偿还本金为：

$$200 \div 8 = 25（万元）$$

第 3 年流动资金贷款为 300 万元，从第 4 年到第 10 年，每年等额偿还本金为：

$$300 \div 7 = 42.86（万元）$$

每年偿还的利息为：

第 3 年偿还流动资金贷款利息为：

$$200 \times 8\% = 16（万元）$$

第 3 年末流动资金的贷款余额为：

$$200×(1+8\%)+300-25-16=475(万元)$$

第 4 年偿还流动资金贷款利息为：

$$475×8\%=38(万元)$$

依此类推，可计算出每年末的流动资金贷款余额和贷款付息，见表 10 - 2。

2. 计算项目的总成本费用

据有关资料，经分析计算，该项目的总成本费用见表 10 - 3。

表 10 - 3   总 成 本 费 用 表   单位：万元

时间（年末）	0	1	2	3	4	5	6	7	8	9	10
材料费				200	280	320	360	360	360	360	360
燃料动力费				30	45	50	55	62	62	62	62
工资福利费				55	64	70	75	80	80	80	80
折旧与摊销费				170	170	170	170	170	170	170	170
利息支出				144	150	129	107	86	64	43	21
其他费用				40	48	52	65	65	65	65	65
总成本费用				639	757	791	832	823	801	780	758
其中：年运行费				325	437	492	555	567	567	567	567

3. 计算各年的销售收入和税金

根据各年的供水量和水价，计算出历年的销售收入，根据税法有关规定，城镇供水按销售收入的 5% 征收营业税，城市维护建设税及教育费附加合计按销售收入的 1% 计算，所得税为利润的 33%（利润＝产品销售收入－总成本费用－销售税金及附加），以此可计算出历年的产品销售收入、销售税金及附加见表 10 - 4。

表 10 - 4   产品销售收入、销售税金及附加表   单位：万元

时间（年末）	建设期			运行初期			正常运行期				
	0	1	2	3	4	5	6	7	8	9	10
年供水量（万 m³）				300	600	800	1000	1000	1000	1000	1000
销售收入				507	1014	1352	1690	1690	1690	1690	1690
销售税金				25.4	50.7	67.6	84.5	84.5	84.5	84.5	84.5
城市维护建设税及教育附加				5.1	10.1	13.5	16.9	16.9	16.9	16.9	16.9
总成本费用				639	757	791	832	823	801	780	758
利润				−163	196.3	479.9	756.6	765.6	787.6	808.6	830.6
所得税					64.7	158.4	249.7	252.6	259.9	266.8	274.1

4. 计算全投资的现金流量表

按照财务评价的规定，计算全投资的薪金流量表，考察全部投资的盈利能力。即不分投资来源，以全部投资作为计算基础，用来计算全部投资所得税前及所得税后的财务内部收益率、财务净现值和投资回收期等评价指标，考察项目全部投资的盈利能力，对各个方案（不论其资金来源和利息多少）进行比较建立共同基础。

税前全投资年净现金流量＝销售收入＋资产回收（固定资产余值、流动资金）

－投资（固定资产投资、流动资金）－年运行费－销售税金

税后全投资年净现金流量 ＝ 税前全投资净现金流量－所得税

据上述公式计算出各年所得税前和所得税后的全投资净现金流量见表 10－5。

根据全投资净现金流量，利用第五章学过的计算方法计算各种评价指标见表 10－6。

表 10－5　　　　　　　　　　　　全投资净现金流量表　　　　　　　　　　单位：万元

时间（年末）	建设期			运行初期			正常运行期				
	0	1	2	3	4	5	6	7	8	9	10
年供水量（万 m³）				300	600	800	1000	1000	1000	1000	1000
1. 现金流入											
1.1 产品销售收入				507	1014	1352	1690	1690	1690	1690	1690
1.2 回收固定资产余值											80
1.3 回收流动资金											600
2. 现金流出											
2.1 固定资产投资	1000	500									
2.2 流动资金			300	300							
2.3 年运行费				325	437	492	555	567	567	567	567
2.4 销售税金及附加				30.5	60.8	81.1	101.4	101.4	101.4	101.4	101.4
2.5 所得税				0	64.7	158.4	249.7	252.6	259.9	266.8	274.1
2.6 年净现金流量（所得税前）	－1000	－500	－300	－148.5	516.2	778.9	1033.6	1021.6	1021.6	1021.6	1701.6
2.7 年净现金流量（所得税后）	－1000	－500	－300	－148.5	451.5	620.5	783.9	769.0	761.7	754.8	1427.5

表 10－6　　　　　　　　　　全投资财务评价指标计算结果表

财务评价指标	所得税前	所得税后	备　　注
财务内部收益率 FIRR（％）	22.3	17.7	行业财务基准收益率按 i_c ＝10％计算
财务净现 FNPV（万元）	1693.97	941.43	
投资回收期 P_t（年）	6.75	7.8	

5. 计算自有资金现金流量

自有资金现金流量的计算，是从投资者的角度出发，以投资者的出资额作为计算基础，把贷款时可得到的资金作为现金流入，把还本付息作为现金流出，用以计算自有资金的财务内部收益率、财务净现值和投资回收期等评价指标，考察工程项目自有资金的盈利能力。

进行财务分析评价时，将投资分为全部投资和自有资金来分析建设项目的盈利能力是十分必要的。其原因是，有的建设项目虽然全投资效果相当好，但由于借贷数量大、利率高，也会使项目的财务效果较差，从而对企业来说没有投资价值。

所得税后自有资金年净现金流量 ＝ 销售收入 ＋ 贷款（借款）＋ 资产回收（固定资产余值、流动资金）

　　　　　　－ 投资（固定资产投资和流动资金投资，包括自由和借贷资金）

　　　　　　－ 年运行费 － 本金偿还 － 借贷利息支出 － 销售税金及附加 － 所得税

自有资金现金流量表见表 10－7。

表 10 - 7   自有资金现金流量表   单位：万元

时间（年末）	建设期			运行初期			正常运行期				
	0	1	2	3	4	5	6	7	8	9	10
年供水量（万 m³）				300	600	800	1000	1000	1000	1000	1000
1. 现金流入量											
1.1 产品销售收入				507	1014	1352	1690	1690	1690	1690	1690
1.2 回收固定资产余值											80
1.3 回收流动资金											100
1.4 固定资产贷款	600	500									
1.5 流动资金贷款			200	300							
2. 现金流出量											
2.1 固定资产投资											
自有资金	400		100								
借贷资金	600	500	200								
2.2 流动资金投资											
自有资金											
借贷资金				300							
2.3 年运行费				325	437	492	555	567	567	567	567
2.4 偿付固定资产投资借款											
还本				159.5	159.5	159.5	159.5	159.5	159.5	159.5	159.5
付息				127.6	111.7	95.7	79.8	63.8	47.9	31.9	16.0
2.5 偿付流动资金投资借款											
还本				25	67.86	67.86	67.86	67.86	67.86	67.86	67.86
付息				16	38	32.6	27.1	21.7	16.3	10.9	5.4
2.6 销售税金及附加				30.5	60.8	81.1	101.4	101.4	101.4	101.4	101.4
2.7 所得税				0	64.7	158.4	249.7	252.6	259.9	266.8	274.1
2.8 所得税前年净现金流量	−400	0	−100	−176.6	139.14	423.2	699.3	708.7	730.0	751.4	952.8
2.9 所得税后年净现金流量	−400	0	−100	−176.6	74.44	264.8	449.6	456.1	470.1	484.6	678.7

根据计算出的各年所得税前和所得税后的净现金流量分别计算出其财务评价指标见表 10 - 8。

表 10 - 8   自有资金财务评价指标计算结果表

财务评价指标	所得税前	所得税后	备 注
财务内部收益率 FIRR（%）	34.0	23.66	行业财务基准收益率按 $i_c = 10\%$ 计算
财务净现值 FNPV（万元）	1524.45	1471.93	
投资回收期 P_t（年）	5.66	6.63	

从以上计算结果可以看出，该项目不论是从全部投资来看还是从投资者角度分析，其财务评价指标都比较好，财务内部收益率高于贷款利率，财务净现值均大于零。投资回收期均短于贷款偿还年限，说明该项目盈利能力较好。

第11章 水 价

11.1 概 述

11.1.1 《水利工程供水价格管理办法》颁布的背景

水资源是国家基础性的自然资源和战略性的经济资源。我国是一个水资源短缺的国家，党中央、国务院高度重视水资源问题和水价改革工作。温家宝总理指出："要抓紧改革水价形成机制。水是一种特殊的商品，要运用价格杠杆来达到节约使用的目的，现行的水价偏低，不利于节约用水，也不利于供水事业发展。要通过改革，建立一套符合社会主义市场经济发展要求的水价形成机制和管理体制，促进全社会节约用水。"

我国水利工程供水经历了从无偿供水到有偿供水。水利工程供水价格管理在实践中不断探索，不断改革，取得了明显的进步。但是，目前水价管理中仍然存在着水价形成机制不合理、调整机制不灵活、事权划分不清晰、计价方式单一等问题。经过国家价格主管部门和水行政主管部门长期不懈的努力，2003年7月3日由国家发展和改革委员会、水利部联合发布了《水利工程供水价格管理办法》，于2004年1月1日起施行。

11.1.2 影响水价的因素

影响水价的因素主要有自然因素（水资源因素）、工程因素和社会经济因素。

1. 自然因素主要有水资源的丰缺、水质、水资源开发条件等因素

在水资源丰沛地区和水资源短缺地区，水资源的供求关系不同，水的边际价值也不同，因而供水价格有差别。当水资源发生短缺时，资源稀缺性增加，会增大使用它的机会成本。因此水价中要体现其稀缺程度，即稀缺价值。

水质是水资源的质量，它的变化也会影响水资源供求关系。如果劣质水增多，原本供求平衡的水资源格局必然被打破，造成水资源供求失衡，供水价格会发生波动。作为一种商品，水资源应按质论价，实行优质优价，劣质低价。对于品质好的供水，理应获得较高的价格，反之，对于水质较差的供水，其价格应相对低一些。

水资源开发条件直接影响着供水价格。水资源开发条件好的地区，其开发成本低，供水价格也较低；而水资源开发条件差的地区，其开发成本高，供水价格也相对较高。

2. 影响水价的社会经济因素包括社会经济发展水平、用水承受能力、政策因素、机构因素、体制因素、水资源供求关系（市场因素）和环境保护因素等

一个地区的社会经济发展水平决定了用水户承受能力，进而影响该地区供水价格总水平。社会经济发展水平高，会吸引更多的劳动力，城市人口就会增多，并且高的经济发展水平要求高质量的供水和优美的城市环境，这些都会使城市需水总量增大，打破原有的水资源供需平衡，水价也将发生相应的变化。

一个地区的产业结构对水价有重要影响，如果第一产业——农业所占比重大，而农业属弱势产业，是需要政府扶植的产业，其水价承受能力不高，那么这一地区的供水价格总水平就必然偏低；如果第二产业比重大，并且都是高耗水的传统产业，如冶金、化工、纺织、火力发电、煤炭等，那么水资源需求量大，但由于这些产业的产品附加值小，价格较低，利润少，承受能力有限，供水价格虽高于农业水价，但也受限制；如果第三产业比重大，高科技产业比重大，产品附加值大，价格高，利润多，相应承受能力强，水价总水平会比较高。因此，对于以第二或第三产业为主的地区，由于其耗水量和产品附加值不一样，会造成这些地区的供水价格总水平也有差异。

由于水商品的社会属性，水价受政府经济政策影响很大，导致水价不能完全反映供水成本。例如，由于政府扶持农业，农业水价本质上是政策性水价，行政干预色彩较浓。水价管理体制也会影响水价，管理机制灵活，事权划分合理，计价方式多样，则水价能较好地反映供水成本及供求关系的变化。这说明体制因素对水价确定有一定影响。

政策因素，包括国家和当地政府对供水价格所采取的一系列诸如补贴、节约用水等调控措施，以及国家对供水工程投资和贷款所采取的一系列优惠措施。这些都会对水价产生直接或间接影响。

用水，尤其是过度用水会对环境造成破坏，如超采地下水，形成大面积地下水漏斗区，导致地面沉降等。水被使用后释放出的废水对社会、经济和环境等各方面都会造成危害，它使水资源的质量下降。用水的环境代价和污水处理费用应该由用水者负担，从而影响供水价格。

3. 影响水价的工程因素包括工程状况、工程投资规模及结构和供水保证率等

供水工程状况的好坏，直接影响供水工程运行维护管理成本的高低，从而对水价产生直接影响。

对于新建的供水工程，工程投资规模及投资结构直接影响供水成本。前者决定了固定资产原值的大小，因而决定了折旧费以及运行维护费的多少。而后者决定了供水工程的性质类型，从而构成不同的水价政策，影响供水的价格。不同投资结构形成的水利供水工程，如国家全部投资的供水工程，国家投资与银行贷款结合的供水工程，有私营资本或外资参与的供水工程等，对投资回报率的要求不同，其供水成本费用也有差别，供水价格也会有差异。

11.2　供水价格的构成与核定

11.2.1　一般商品的理论价格

按马克思政治经济学，一般商品的价值是由生产该商品的社会必要劳动时间决定。而价格是价值的货币表现。所以，可以把商品的价值理解为理论价格。即

$$P = C + V + M$$

式中　P——商品的理论价格；

　　　C——耗费的生产资料，包括劳动手段（固定资产）和劳动对象（原材料和燃料等）；

　　　V——必要劳动价值，即支付给工人的工资及福利；

M——剩余劳动价值，即利润和上交的税金。

按照企业财务会计制度理解，商品的理论价格由生产成本、期间费用、利润、销售税金组成。即

$$P = 生产成本 + 期间费用 + 利润 + 销售税金$$

水利工程供水作为一种资源稀缺性的商品，其价格组成也遵循一般商品的价格组成，同时因其特殊性、稀缺性，往往实行政府定价或政府指导价。

11.2.2　水利工程供水价格构成

《水利工程供水价格管理办法》规定，水价由"供水生产成本、费用、利润和税金构成"。对于利用贷款建设的水利工程，其偿还贷款额在价格构成中单列。即

$$P = 供水生产成本 + 费用 + 利润 + 销售税金 + 偿还贷款额$$

1. 供水生产成本

是指正常供水生产过程中发生的直接工资、直接材料、其他直接支出，以及固定资产折旧费、修理费、水资源费及制造费用。其构成如下。

（1）直接工资。包括直接从事水利供水工程运行人员和生产经营人员的工资、奖金、津贴、补贴，以及社会保障支出（包括社会养老保险、社会失业保险、社会医疗保险、社会救济和其他如工伤保险、生育保险、优抚保险、社会福利、职工互助保险等社会保障项目的支出）等。

（2）直接材料，包括水利供水工程运行和生产经营过程中消耗的原材料、原水费（包含了已缴纳的水资源费）、辅助材料、备品备件、燃料、动力以及其他直接材料等。

（3）其他直接支出，包括直接从事供水工程运行人员和生产经营人员的职工福利费以及供水工程实际发生的工程观测费、临时设施费等。

（4）制造费用，包括供水经营者从事生产经营、服务部门的管理人员工资、职工福利费、固定资产折旧费、租赁费（不包括融资租赁费）、修理费、机物料消耗，第一级供水单位缴纳的水资源费、低值易耗品、运输费、设计制图费、监测费、保险费、办公费、差旅费、水电费、取暖费、劳动保护费、试验检验费、季节性修理期间停工损失、其他制造费用中应计入供水运行的部分。制造费用采用分配方法计算其供水应分摊部分。

在制造费用中所列水资源费，系指供水经营者向水行政主管部门缴纳的水资源费。按《取水许可制度实施办法》规定，在多环节供水体制下，只有第一级供水单位要缴纳水资源费。第二级供水单位的供水生产成本中的"原水费"即包含了第一级供水单位缴纳的水资源费。按照相关规定，水利工程向用水户供水，取水人是水利工程供水单位，应向水行政主管部门或者流域机构申请领取取水许可证，并缴纳水资源费。而目前仍有许多地方由用水户办理水利工程供水的取水许可证并缴纳水资源费。在这种情况下，水资源费则不应计入水利工程供水单位的成本、费用之中。

2. 费用

是指供水经营者为组织和管理供水生产经营而发生的合理销售费用、管理费用和财务费用，统称期间费用。其构成如下。

（1）销售费用是指供水经营者在供水销售过程中发生的各项费用。包括应由供水单位负担的运输费、资料费、包装费、保险费、委托代销手续费、展览费、广告费、租赁费

（不含融资租赁费）、销售服务费，代收水费手续费，销售部门人员工资、职工福利费、差旅费、办公费、折旧费、修理费、物料消耗、低值易耗品摊销等及其他费用。

（2）管理费用是指供水经营者的管理部门为组织和管理供水生产经营所发生的各项费用。包括供水单位（或企业）管理机构经费、工会经费、职工教育经费、劳动保险费、待业保险费、咨询费、审计费、诉讼费、排污费、绿化费、土地（水域、岸线）使用费、土地损失补偿费、技术转让费、技术开发费、无形资产摊销、开办费摊销、业务招待费、坏账损失、存货盘亏、毁损和报废（减盘盈）等。其中供水单位（或企业）管理机构经费包括管理人员工资、职工福利费、差旅费、办公费、折旧费、修理费、物料消耗、低值易耗品摊销以及其他管理经费。

（3）财务费用是指供水经营者为筹集资金而发生的费用。包括供水经营者在生产经营期间发生的利息支出（减利息收入），汇兑净损失，金融机构手续费以及筹资发生的其他财务费用。

3. 利润

是指供水经营者从事正常供水生产经营获得的合理收益，按净资产利润率核定。

利润率按国内商业银行长期贷款利率加 2%～3% 确定（经济较发达的地区可高一些，经济欠发达地区则可低一些）。国内商业银行长期贷款利率一般指 5 年贷款利率。

净资产是指供水单位全部资产扣除全部负债后的余额。供水净资产是将水管单位净资产中非供水部分（包括防洪、发电等）剥离出去，单独用于"供水"的"净资产"。"合理收益"是指交纳所得税后的净利润。

4. 税金

指按国家及本省具体情况规定的应缴纳的并可计入水价的税金。根据我国税收法规，供水经营者应交纳的税金主要有营业税、城市维护建设税、教育费附加（此三税统称为营业税金及其附加）和企业所得税，实行减免税优惠政策的按实际税赋计价。而房产税、车船使用税、印花税等行为税的税金已经计入供水生产的有关生产成本或费用。

5. 偿还贷款额

是指供水经营者利用贷款、债券建设水利供水工程，在供水工程的经济寿命周期内，用于偿还建设贷款、债券本息的等均支出。

经济寿命周期即供水工程的预计使用年限，具体可按国家财政主管部门规定的固定资产分类折旧年限加权平均确定。贷款利率可按当时银行长期贷款（5年以上）利息率核定。当还贷（债券）本金大于年固定资产折旧额时，一般不再计入供水工程的固定资产折旧。还贷结束后，应取消计入供水价格中的有关偿还贷款、债券本息部分，重新按提取固定资产折旧核定供水价格。

11.2.3 城市供水价格构成

《城市供水价格管理办法》规定：城市供水价格（城市供水指城市供水企业通过一定的工程设施，将地表水、地下水进行必要的净化、消毒处理，使水质符合国家规定的标准后供给用户使用的商品水）由供水成本、费用、税金和利润构成。输水、配水等环节中的水损可合理计入成本，污水处理成本按管理体制单独核算。其中：

（1）城市供水成本是指供水生产过程中发生的原水费、电费、原材料费、资产折旧费、修理费、直接工资、水质检测、监测费以及其他应计入供水成本的直接费用。

（2）费用是指组织和管理供水生产经营所发生的销售费用、管理费用和财务费用。

（3）税金是指供水企业应缴纳的营业税金及附加。

（4）城市供水价格中的利润，按净资产利润率核定。净资产利润率一般按 8%～10% 计算。具体的利润水平由所在城市人民政府价格主管部门征求同级城市供水行政主管部门意见后，根据其不同的资金来源确定。

1）主要靠政府投资的，企业净资产利润率不得高于 6%。

2）主要靠企业投资的，包括利用贷款、引进外资、发行债券或股票等方式筹资建设供水设施的供水价格，还贷期间净资产利润率不得高于 12%。

3）还贷期结束后，供水价格应按本条规定的平均净资产利润率核定。

11.2.4 水价核定

供水价格应当按照补偿成本、合理收益、优质优价、公平负担的总原则制定，并根据供水成本、费用及市场供求的变化情况适时调整。供水水源受季节影响较大的水利工程，供水价格可实行丰枯季节水价或季节浮动价格。

1. 水利工程供水价格的分类核定

水利工程供水价格按用水性质及用水户的承受能力不同分为农业用水价格和非农业用水价格。

（1）农业用水是指由水利工程直接供应的粮食作物、经济作物用水和水产养殖用水；农业用水价格按补偿供水生产成本、费用的原则核定，不计利润和税金。即

$$农业用水价格 = \frac{农业供水定价成本和费用}{农业用水量}$$

（2）非农业用水是指由水利工程直接供应的工业、自来水厂、水力发电和其他用水。非农业用水价格在补偿供水生产成本、费用和依法计税的基础上，按供水净资产计提利润。即

$$非农业用水价格 = \frac{非农业供水定价成本费用 + 非农业供水计价利润 + 非农业供水计价税金}{非农业用水量}$$

式中 利润 = 非农业供水净资产 × 净资产利润率。

分类定价，首先计算出各类用水定价成本、费用的分配系数，再计算各类用水应计入定价的成本、费用、利润和税金。

1）各类用水定价成本、费用的分配系数：

$$非农业供水成本、费用分配系数 = \frac{A \times A'}{A \times A' + B \times B' + C \times C'}$$

$$农业供水成本、费用分配系数 = \frac{B \times B'}{A \times A' + B \times B' + C \times C'}$$

$$水力发电供水成本、费用分配系数 = \frac{C \times C'}{A \times A' + B \times B' + C \times C'}$$

式中 A、A'——年农业供水量、农业供水保证率；

B、B'——年非农业供水量、非农业供水保证率；

C、C'——年水力发电供水量（不结合其他用水）、水力发电供保证率。

2) 各类用水应计定价成本、费用分配：

$$各类用水应计入定价的成本、费用 = \begin{bmatrix}供水单位供水定\\价总成本费用\end{bmatrix} \times \begin{bmatrix}各类供水成本\\费用的分配系数\end{bmatrix}$$

3) 非农业用水计价利润的计算。首先计算计价供水净资产，其次计算非农业供水净资产。

$$总计价供水净资产 = (实收资本 + 资本公积 + 盈余公积) \times 供水部门分摊系数$$

$$非农业供水净资产 = \begin{bmatrix}计价供水\\净资产\end{bmatrix} \times \frac{\begin{bmatrix}非农业年\\均供水量\end{bmatrix}}{\begin{bmatrix}农业年均\\供水量\end{bmatrix} + \begin{bmatrix}非农业年\\均供水量\end{bmatrix} + \begin{bmatrix}水力发电\\年均供水量\end{bmatrix}}$$

式中，水力发电年均供水量系指不结合其他用水的水力发电用水量。

$$非农业供水计价利润 = \begin{bmatrix}非农业供水\\净资产\end{bmatrix} \times \begin{bmatrix}银行长期\\贷款年利率\end{bmatrix} + \begin{bmatrix}水价利润\\附加率\end{bmatrix}$$

(3) 水利工程用于水力发电并在发电后还用于其他兴利目的（即结合利用水力发电）的用水，发电用水价格（元/m³）按照用水水电站所在电网销售电价 [元/（kW·h）] 的 0.8% 核定，发电后其他用水价格按照低于本办法第十条规定的标准核定。水利工程专用于水力发电（即不结合利用水力发电）的用水价格（元/m³），按照用水水电站所在电网销售电价 [元/（kW·h）] 的 1.6%～2.4% 核定。利用同一水利工程供水发电的梯级电站，第一级用水价格按上述原则核定，第二级及以下各级用水价格应逐级递减。

对于综合利用水利工程的资产和成本、费用，应在供水、发电、防洪等各项用途中合理分摊、分类补偿。具体分摊办法，按国务院财政、价格和水行政主管部门的有关规定执行。公益性功能发生的耗费，应由国家财政资金补偿，而水利工程供水和水力发电等经营性功能发生的耗费，则应全部计入供水和发电的成本、费用中，通过供水价格和电价获得补偿，并需从中获得适当的投资回报。对同时具有公益服务和生产经营作用的水利工程运行发生的制造费用，水库工程采用库容比例法进行分配，机电排灌工程（灌区）采用工作量比例法进行分配。

【例 11-1】 某综合利用水库枢纽，具有防洪、水力发电和灌溉效益。防洪库容为 3000 万 m³，兴利库容为 4200 万 m³，死库容为 500 万 m³。2003 年，实际发生供水直接工资 166 万元，供水直接材料费为 128 万元，供水其他直接支出 82.6 万元，供水和防洪共同发生的制造费用（含折旧）为 286 万元，供水生产期间费用 70.5 万元，结合兴利目标的发电，年发电 260 万 kW·h，电网销售电价为 0.52 元/（kW·h）。灌溉实际供水量为 6700 万 m³，试核定水力发电和农业灌溉用水的单位价格。

解 按《水利工程供水价格管理办法》规定：用于水力发电并在发电后还用于其他兴利目的的用水，发电用水价格（元/m³）按照用水水电站所在电网销售电价 [元/（kW·h）]

的 0.8% 核定。

$$水力发电的单方水价 = 0.52 \times 0.8\% = 0.0416(元/m^3)$$

$$供水兴利分摊系数 = \frac{V_兴 + V_死}{V_防 + V_兴 + V_死} = \frac{4200 + 500}{4200 + 3000 + 500} = 61\%$$

$$防洪分摊系数 = \frac{V_防}{V_防 + V_兴 + V_死} = \frac{3000}{4200 + 3000 + 500} = 39\%$$

$$供水兴利分摊的制造费用 = 286 \times 61\% = 174.46(万元)$$

$$防洪分摊的制造费用 = 286 \times 39\% = 111.54(万元)$$

$$农业灌溉用水单方水价 = \frac{供水生产成本 + 期间费用}{年供水量}$$

$$= \frac{166 + 128 + 82.6 + 174.46 + 70.5}{6700}$$

$$= 0.0928(元/m^3)$$

【例 11 - 2】 某水库非农业供水量 1 亿 m^3，供水保证率 95%；农业供水量 4 亿 m^3，供水保证率 65%；水力发电（专用）5 亿 m^3，供水保证率 98%。该水库定价成本、费用 0.65 亿元。计算非农业、农业、水力发电（不结合其他用水）应计定价成本、费用。

解

（1）计算各类用水定价成本、费用的分配系数。

$$非农业供水成本、费用分配系数 = \frac{1 \times 0.95}{1 \times 0.95 + 4 \times 0.65 + 5 \times 0.98} = 11.24\%$$

$$农业供水成本、费用分配系数 = \frac{4 \times 0.65}{1 \times 0.95 + 4 \times 0.65 + 5 \times 0.98} = 30.77\%$$

$$水力发电供水成本、费用分配系数 = \frac{5 \times 0.98}{1 \times 0.95 + 4 \times 0.65 + 5 \times 0.98} = 57.99\%$$

（2）计算各类用水应计定价成本、费用。

$$农业供水成本、费用 = 6500 \times 30.77\% = 2000.05(万元)$$

$$非农业供水成本、费用 = 6500 \times 11.24\% = 730.6(万元)$$

$$水力发电供水成本、费用 = 6500 \times 57.99\% = 3769.35(万元)$$

【例 11 - 3】 某水库情况同例 11 - 2，水库所在电网的销售电价为 0.56 元/(kW・h)，分别计算农业用水价格、结合利用和不结合利用水力发电的用水价格。

解

$$农业用水价格 = \frac{2000.05 \, 万元}{40000 \, 万 \, m^3} = 0.05(元/m^3)$$

$$结合利用水力发电用水价格 = 0.56 \times 0.8\% = 0.00448(元/m^3)$$

$$不结合利用水力发电用水价格 = 0.56 \times (1.6\% \sim 2.4\%)$$

$$= 0.00896 \sim 0.01344(元/m^3)$$

水利工程供水推行基本水价和计量水价相结合的两部制水价。基本水价按补偿供水直接工资、管理费用和 50% 的折旧费、修理费的原则核定，并按用水需求量或工程供水容量收取。计量水价按补偿基本水价以外的水资源费、材料费等其他成本、费用以及计入核定利润和税金的原则核定，并按实际供水量收取。各类用水均应实行定额管理，超定额用水实行累进加价。

2. 城市供水价格的核定

城市供水价格根据使用性质可分为居民生活用水、工业用水、行政事业用水、经营服务用水、特种用水等五类水价。

城市供水实行容量水价和计量水价相结合的两部制水价或阶梯式计量水价。容量水价用于补偿供水的固定资产成本，计量水价用于补偿供水的运营成本。

（1）两部制水价计算公式如下：

$$两部制水价 = 容量水价 + 计量水价$$

1）容量水价＝容量基价×每户容量基数。

$$容量基价 = \frac{年固定资产折旧额 + 年固定资产投资利息}{年制水能力}$$

居民生活用水容量水价基数＝每户平均人口×每人每月计划平均消费量；非居民生活用水容量水价基数为：前一年或前三年的平均用水量，新用水单位按审定后的用水量计算。

2）计量水价＝计量基价×实际用水量。

$$计量基价 = \frac{成本 + 费用 + 税金 + 利润 - 年固定资产折旧 - 年固定资产投资利息}{年实际售水量}$$

（2）阶梯式计量水价计算公式如下。

$$阶梯式计量水价 = 第一级水价×第一级水量基数 + 第二级水价×第二级水量基数$$
$$+ 第三级水价×第三级水量基数；$$

阶梯式计量水价可分为三级，级差为 1∶1.5∶2。居民生活用水阶梯式水价的第一级水量基数，根据确保居民基本生活用水的原则制定；第二级水量基数，根据改善和提高居民生活质量的原则制定；第三级水量基数，根据按市场价格满足特殊需要的原则制定。

11.3　水　价　改　革

11.3.1　我国水价改革的历程

我国在相当长的时期里，水被看成是取之不尽、用之不竭的自然资源，人们只承认水所具备的自然属性，而忽视了其商品属性。在 1985 年以前，我国的水利工程供水实行的是公益性或政策性抵偿供水政策，人们的生产和生活用水是无偿的或廉价的。这就使得水资源浪费严重，水务行业严重亏损，使国家补贴负担沉重。水价改革是中国解决水问题必须迈过的一道门槛。

1985 年，国务院颁发了《水利工程水费核订、计收和管理办法》，首次提出以供水成本为基础核定水费标准，供水开始被作为一种有偿服务行为。但是该办法规定，水利工程水费按行政事业性收费进行管理，水利工程供水价格依然偏低，且在实际运行中存在水费计收困难等问题。

1992 年，国家计委将水利工程供水价格列入重工商品价格目录。水利部提出要制定

《水价办法》。1993 年 5 月，《水利工程供水价格管理办法》初稿形成。几番修改后，1994年 12 月，《水利工程供水价格管理办法》送审稿报送国务院。

1998 年 9 月 23 日，《城市供水价格管理办法》颁布施行，这个办法明确了水价构成，确立了阶梯式计量水价等科学的计价方式。然而，城市水价改革也不很到位，水价调整大部分以解决企业亏损、减少财政补贴为目的，不能体现对稀缺性资源配置的调控作用。

2000 年 10 月 11 日，党的十五届五中全会通过了《中共中央关于制定国民经济和社会发展第十个五年计划的建议》。建议提出，要"改革水的管理体制，建立合理的水价形成机制，调动全社会节水和防治水污染的积极性"。水是商品的理念写进了党和政府的政策法规里。

为贯彻《国务院关于加强城市供水节水和水污染防治工作的通知》（国发［2000］36号）精神，保护和合理利用水资源，防治水污染，经国务院批准，水利部、国家环保总局等部门于 2002 年 4 月颁发了《关于进一步推进城市供水价格改革工作的通知》。

2003 年 7 月 3 日，国家发改委和水利部联合发布了《水利工程供水价格管理办法》，并于 2004 年 1 月 1 日起施行。《水利工程供水价格管理办法》的颁布标志着我国水价改革进入了一个新的阶段。《水价办法》的实施，对促进水利工程供水价格改革，维护正常的供水价格秩序，保护供用水双方的合法权益，合理利用和保护水资源，建设节水型社会发挥重要的作用。

2004 年 4 月，国务院办公厅发出《关于推进水价改革促进节约用水保护水资源的通知》，提出"推进水价改革，促进节约用水，提高用水效率，努力建设节水型社会，促进水资源可持续利用"，第一次对水资源各个环节的水价改革作出了全面部署，标志着我国以市场机制优化配置水资源、调节水供求关系和防治水污染进入了一个新的历史阶段。

11.3.2　水价改革的目的和原则

水价改革的目的与目标：通过水价杠杆调节水资源的供求关系，运用价格手段调节各方面的经济利益关系，引导人们自觉调整用水数量、用水结构和产业结构，提高全社会的节水意识。建立充分体现我国水资源紧缺状况，以节水和合理配置水资源、提高用水效率、促进水资源可持续利用为核心的水价机制。

水价改革的原则：①调整水价与理顺水价结构相结合，按照不同用户的承受能力，建立多层次供水价格体系，充分发挥价格机制对用水需求的调节作用，提高用水效率；②水价制定与供水设施建设相结合，积极建立和培育水资源开发利用市场，实现水资源合理配置；③合理利用水资源与防治水污染相结合，努力实现污水再生利用，为经济社会发展提供良好的水环境；④供水单位良性发展与节水设施建设相结合，合理补偿供水单位成本费用，促进节水工程建设和节水技术推广；⑤水价形成机制改革与供水单位经营管理体制改革相结合，推进企业化管理和产业化经营，强化水价对供水单位的成本约束，努力发挥市场机制在水资源配置中的基础性作用。

11.3.3　水价改革中应注意的几个问题

水价改革涉及面广，政策性强，是水利工作的重点和难点。在水价改革中，要注意以下几个方面的问题。

1. 充分考虑资源因素，合理调整城市供水价格

长期以来，在水价的制定时主要考虑是工程供水成本因素和用水户的承受能力，对资源因素考虑不多。随着国民经济和社会的不断发展，水资源紧缺日益显现出来，成为经济和社会可持续发展的重要制约因素。因此，推进水价改革，要充分考虑当地水资源状况，根据水资源紧缺程度，逐步提高水资源费的征收标准，才能完整体现资源的稀缺程度和供求关系，发挥水价在水资源开发利用过程中的杠杆作用。

城市供水价格是终端水价。要综合考虑上游水价、水资源费情况，以及供水企业正常运行和合理盈利、改善水质、管网和计量系统改造等因素，在审核供水企业运营成本、强化成本约束基础上，合理调整城市供水价格。

各地区要限期开征污水处理费，优先提高城市污水处理费征收标准，确保污水处理设施正常运行。

缺水地区应积极创造条件使用再生水。加强水质监测与信息发布，确保再生水使用安全。再生水价格要发补偿成本和合理收益为原则，结合再生水水质、用途等情况，与自来水价格保持适当差价，按低于自来水价格的一定比例确定，引导工业、洗车、市政设施及城市绿化等行业使用再生水。

2. 农村水价改革要与减轻农民负担有机结合

党中央、国务院十分重视"三农"问题，把提高农民种粮积极性，增加农民收入作为全党工作的一个重点。水是农业的命脉，我国农业用水占水利工程供水总量的75%左右，农业水价直接关系到农民水费负担和农业生产效益。由于历史和体制等方面的原因，一方面我国农业供水价格偏低，国有水管单位亏损严重；另一方面农业供水中间环节乱加价、乱收费较为严重，农民实际水费负担加重。因此，要将农业供水各环节水价纳入政府价格管理范围，推行到农户的终端水价制度。创造条件逐步实行计量收费，推行超大型定额用水加价等制度，切实加大农业灌溉设施改造力度，对末级渠系改造进行试点，促进节约用水，减轻农民水费负担。

3. 增加水利投入

由于长期投入不足，水价不到位，水利工程缺乏维修养护和更新改造资金，大批水利工程老化失修严重，效益衰减。农业灌溉渠"跑、冒、漏"，浪费严重，灌溉保证率较低，计量设施落后。因此，除提高水利工程供水价格外，各级政府要加大对水利的投入，为水利工程安全运行和效益发挥提供保障，以水利工程的良性运行，促进水资源的可持续利用。

4. 推进供水管理体制的改革

水利工程供水单位要建立多样化的水利工程管理模式，逐步实行社会化和市场化，通过招标等市场方式，委托符合条件的单位管理水利工程，尽快建立符合我国国情、水情和社会主义市场经济要求的运行机制。城市供水和污水处理单位，要结合国有资产管理体制改革，按照建立现代企业制度的要求，实现政企分开，逐步引入特许经营制度，通过创新机制促使供水单位加强管理、降低成本、提高效率。

5. 改革水价计价方式，强化征收管理

加快推进对居民生活用水实行阶梯式计量水价制度。依据本地情况，合理核定各级水量基数，在确保基本生活用水的同时，适当拉大各级水量间的差价，促进节约用水。实行用水包费制的地区，要限期实行计量计价制度。

科学制定各类用水定额和非居民用水计划。严格用水定额管理，实施超计划、超定额加价收费方式，缺水城市要实行超额累进加价制度。同时，适当拉大高耗水行业与其他行业用水的差价。对城市绿化、市政设施等公共设施用水要尽快实行计量计价制度。

附录　考虑资金时间价值的折算因子表

附表 1　　　　　　　　　　　　　　$i=3\%$

n	一次收付期值因子 [SPCAF] $[F/P,\ i,\ n]$ $(1+i)^n$	一次收付现值因子 [SPPWF] $[P/F,\ i,\ n]$ $\dfrac{1}{(1+i)^n}$	分期等付期值因子 [USCAF] $[F/A,\ i,\ n]$ $\dfrac{(1+i)^n-1}{i}$	基金存储因子 [SFDF] $[A/F,\ i,\ n]$ $\dfrac{i}{(1+i)^n-1}$	本利摊还因子 [CRF] $[A/P,\ i,\ n]$ $\dfrac{i(1+i)^n}{(1+i)^n-1}$	分期等付现值因子 [USPWF] $[P/A,\ i,\ n]$ $\dfrac{(1+i)^n-1}{i(1+i)^n}$
1	1.030	0.9709	1.000	1.00000	1.03000	0.971
2	1.061	0.9426	2.030	0.49261	0.52261	1.913
3	1.093	0.9151	3.091	0.32353	0.35353	2.829
4	1.126	0.8885	4.184	0.23903	0.26903	3.717
5	1.159	0.8626	5.309	0.18835	0.21835	4.580
6	1.194	0.8375	6.468	0.15460	0.18460	5.417
7	1.230	0.8131	7.662	0.13051	0.16051	6.230
8	1.267	0.7894	8.892	0.11246	0.14246	7.020
9	1.305	0.7664	10.159	0.09843	0.12843	7.786
10	1.344	0.7441	11.464	0.08723	0.11723	8.530
11	1.384	0.7224	12.808	0.07808	0.10808	9.253
12	1.426	0.7014	14.192	0.07046	0.10046	9.954
13	1.469	0.6810	15.618	0.06403	0.09403	10.635
14	1.513	0.6611	17.086	0.05853	0.08853	11.296
15	1.558	0.6419	18.599	0.05377	0.08377	11.938
16	1.605	0.6232	20.157	0.04961	0.07961	12.561
17	1.653	0.6050	21.762	0.04595	0.07595	13.166
18	1.702	0.5874	23.414	0.04271	0.07271	13.754
19	1.754	0.5703	25.117	0.03981	0.06981	14.324
20	1.806	0.5537	26.870	0.03722	0.06722	14.877
21	1.860	0.5375	28.676	0.03487	0.06487	15.415
22	1.916	0.5219	30.537	0.03275	0.06275	15.937
23	1.974	0.5067	32.453	0.03081	0.06081	16.444
24	2.033	0.4919	34.426	0.02905	0.05905	16.936
25	2.094	0.4776	36.459	0.02743	0.05743	17.413
26	2.157	0.4637	38.553	0.02594	0.05594	17.877
27	2.221	0.4502	40.710	0.02456	0.05456	18.327
28	2.288	0.4371	42.931	0.02329	0.05329	18.764
29	2.357	0.4243	45.219	0.02211	0.05211	19.188
30	2.427	0.4120	47.575	0.02102	0.05102	19.600
35	2.814	0.3554	60.462	0.01654	0.04654	21.487
40	3.262	0.3066	75.401	0.01326	0.04326	23.115
45	3.782	0.2644	92.720	0.01079	0.04079	24.519
50	4.384	0.2281	112.797	0.00887	0.03887	25.730
55	5.082	0.1968	136.072	0.00735	0.03735	26.774
60	5.892	0.1697	163.053	0.00613	0.03613	27.676
65	6.830	0.1464	194.333	0.00515	0.03515	28.453
70	7.918	0.1263	230.594	0.00434	0.03434	29.123
75	9.179	0.1089	272.631	0.00367	0.03367	29.702
80	10.641	0.0940	321.363	0.00311	0.03311	30.201
85	12.336	0.0811	377.857	0.00265	0.03265	30.631
90	14.300	0.0699	443.349	0.00226	0.03226	31.002
95	16.578	0.0603	519.272	0.00193	0.03193	31.323
100	19.219	0.0520	607.288	0.00165	0.03165	31.599
∞	∞	0	∞	0	0.03000	33.333

附表 2　　　　　　　　　　　　　　　　　　$i=5\%$

n	一次收付期值因子 [SPCAF] $[F/P,\ i,\ n]$ $(1+i)^n$	一次收付现值因子 [SPPWF] $[P/F,\ i,\ n]$ $\dfrac{1}{(1+i)^n}$	分期等付期值因子 [USCAF] $[F/A,\ i,\ n]$ $\dfrac{(1+i)^n-1}{i}$	基金存储因子 [SFDF] $[A/F,\ i,\ n]$ $\dfrac{i}{(1+i)^n-1}$	本利摊还因子 [CRF] $[A/P,\ i,\ n]$ $\dfrac{i\,(1+i)^n}{(1+i)^n-1}$	分期等付现值因子 [USPWF] $[P/A,\ i,\ n]$ $\dfrac{(1+i)^n-1}{i\,(1+i)^n}$
1	1.050	0.9524	1.000	1.00000	1.05000	0.952
2	1.103	0.9070	2.050	0.48780	0.53780	1.859
3	1.158	0.8638	3.153	0.31721	0.36721	2.723
4	1.216	0.8227	4.310	0.23201	0.28201	3.546
5	1.276	0.7835	5.526	0.18097	0.23097	4.329
6	1.340	0.7462	6.802	0.14702	0.19702	5.076
7	1.407	0.7107	8.142	0.12282	0.17282	5.786
8	1.477	0.6768	9.549	0.10472	0.15472	6.463
9	1.551	0.6446	11.027	0.09069	0.14069	7.108
10	1.629	0.6139	12.578	0.07950	0.12950	7.722
11	1.710	0.5847	14.207	0.07039	0.12039	8.306
12	1.796	0.5568	15.917	0.06283	0.11283	8.863
13	1.886	0.5303	17.713	0.05646	0.10646	9.394
14	1.980	0.5051	19.599	0.05102	0.10102	9.899
15	2.079	0.4810	21.579	0.04634	0.09634	10.380
16	2.183	0.4581	23.657	0.04227	0.09227	10.838
17	2.292	0.4363	25.840	0.03870	0.08870	11.274
18	2.407	0.4155	28.132	0.03555	0.08555	11.690
19	2.527	0.3957	30.539	0.03275	0.08275	12.085
20	2.653	0.3769	33.066	0.03024	0.08024	12.462
21	2.786	0.3589	35.719	0.02800	0.07800	12.821
22	2.925	0.3418	38.505	0.02597	0.07597	13.163
23	3.072	0.3256	41.430	0.02414	0.07414	13.489
24	3.225	0.3101	44.502	0.02247	0.07247	13.799
25	3.386	0.2953	47.727	0.02095	0.07095	14.094
26	3.556	0.2812	51.113	0.01956	0.06956	14.375
27	3.733	0.2678	54.669	0.01829	0.06829	14.643
28	3.920	0.2551	58.403	0.01712	0.06712	14.898
29	4.116	0.2429	62.323	0.01605	0.06605	15.141
30	4.322	0.2314	66.439	0.01505	0.06505	15.372
35	5.516	0.1813	90.320	0.01107	0.06107	16.374
40	7.040	0.1420	120.800	0.00828	0.05828	17.159
45	8.985	0.1113	159.700	0.00626	0.05626	17.774
50	11.467	0.0872	209.348	0.00478	0.05478	18.256
55	14.636	0.0683	272.713	0.00367	0.05367	18.633
60	18.679	0.0535	353.584	0.00283	0.05283	18.929
65	23.840	0.0419	456.798	0.00219	0.05219	19.161
70	30.426	0.0329	588.529	0.00170	0.05170	19.343
75	38.833	0.0258	756.654	0.00132	0.05132	19.485
80	49.561	0.0202	971.229	0.00103	0.05103	19.596
85	63.254	0.0158	1245.087	0.00080	0.05080	19.684
90	80.730	0.0124	1594.607	0.00063	0.05063	19.752
95	103.035	0.0097	2040.694	0.00049	0.05049	19.806
100	131.501	0.0076	2610.025	0.00038	0.05038	19.848
∞	∞	0	∞	0	0.05000	20.000

附表 3　　　　　　　　　　　　　　　　　　　　　$i = 6\%$

n	一次收付期值因子 [SPCAF] $[F/P, i, n]$ $(1+i)^n$	一次收付现值因子 [SPPWF] $[P/F, i, n]$ $\dfrac{1}{(1+i)^n}$	分期等付期值因子 [USCAF] $[F/A, i, n]$ $\dfrac{(1+i)^n-1}{i}$	基金存储因子 [SFDF] $[A/F, i, n]$ $\dfrac{i}{(1+i)^n-1}$	本利摊还因子 [CRF] $[A/P, i, n]$ $\dfrac{i(1+i)^n}{(1+i)^n-1}$	分期等付现值因子 [USPWF] $[P/A, i, n]$ $\dfrac{(1+i)^n-1}{i(1+i)^n}$
1	1.060	0.9434	1.000	1.00000	1.06000	0.943
2	1.124	0.8900	2.060	0.48544	0.54544	1.833
3	1.191	0.8396	3.184	0.31411	0.37411	2.673
4	1.262	0.7921	4.375	0.22859	0.28859	3.465
5	1.338	0.7473	5.637	0.17740	0.23740	4.212
6	1.419	0.7050	6.975	0.14336	0.20336	4.917
7	1.504	0.6651	8.394	0.11914	0.17914	5.582
8	1.594	0.6274	9.897	0.10104	0.16104	6.210
9	1.689	0.5919	11.491	0.08702	0.14702	6.802
10	1.791	0.5584	13.181	0.07587	0.13587	7.360
11	1.898	0.5268	14.972	0.06679	0.12679	7.887
12	2.012	0.4970	16.870	0.05928	0.11928	8.384
13	2.133	0.4688	18.882	0.05296	0.11296	8.853
14	2.261	0.4423	21.015	0.04758	0.10758	9.295
15	2.397	0.4173	23.276	0.04296	0.10296	9.712
16	2.540	0.3936	25.673	0.03895	0.09895	10.106
17	2.693	0.3714	28.213	0.03544	0.09544	10.477
18	2.854	0.3503	30.906	0.03236	0.09236	10.828
19	3.026	0.3305	33.760	0.02962	0.08962	11.158
20	3.207	0.3118	36.786	0.02718	0.08718	11.470
21	3.400	0.2942	39.993	0.02500	0.08500	11.764
22	3.604	0.2775	43.392	0.02305	0.08305	12.042
23	3.820	0.2618	46.996	0.02128	0.08128	12.303
24	4.049	0.2470	50.816	0.01968	0.07968	12.550
25	4.292	0.2330	54.865	0.01823	0.07823	12.783
26	4.549	0.2198	59.156	0.01690	0.07690	13.003
27	4.822	0.2074	63.706	0.01570	0.07570	13.211
28	5.112	0.1956	68.528	0.01459	0.07459	13.406
29	5.418	0.1846	73.640	0.01358	0.07358	13.591
30	5.743	0.1741	79.058	0.01265	0.07265	13.765
35	7.686	0.1301	111.435	0.00897	0.06897	14.498
40	10.286	0.0972	154.762	0.00646	0.06646	15.046
45	13.765	0.0727	212.744	0.00470	0.06470	15.456
50	18.420	0.0543	290.336	0.00344	0.06344	15.762
55	24.650	0.0406	394.172	0.00254	0.06254	15.991
60	32.988	0.0303	533.128	0.00188	0.06188	16.161
65	44.145	0.0227	719.083	0.00139	0.06139	16.289
70	59.076	0.0169	967.932	0.00103	0.06103	16.385
75	79.057	0.0126	1300.949	0.00077	0.06077	16.456
80	105.796	0.0095	1746.600	0.00057	0.06057	16.509
85	141.579	0.0071	2342.982	0.00043	0.06043	16.549
90	189.465	0.0053	3141.075	0.00032	0.06032	16.579
95	253.546	0.0039	4209.104	0.00024	0.06024	16.601
100	339.302	0.0029	5638.368	0.00018	0.06018	16.618
∞	∞	0	∞	0	0.06000	16.667

附表 4 　　　　　　　　　　　　　　$i=7\%$

n	一次收付期值因子 [SPCAF] $[F/P,i,n]$ $(1+i)^n$	一次收付现值因子 [SPPWF] $[P/F,i,n]$ $\dfrac{1}{(1+i)^n}$	分期等付期值因子 [USCAF] $[F/A,i,n]$ $\dfrac{(1+i)^n-1}{i}$	基金存储因子 [SFDF] $[A/F,i,n]$ $\dfrac{i}{(1+i)^n-1}$	本利摊还因子 [CRF] $[A/P,i,n]$ $\dfrac{i(1+i)^n}{(1+i)^n-1}$	分期等付现值因子 [USPWF] $[P/A,i,n]$ $\dfrac{(1+i)^n-1}{i(1+i)^n}$
1	1.070	0.9346	1.000	1.0000	1.0700	0.935
2	1.145	0.8734	2.070	0.4831	0.5531	1.808
3	1.225	0.8163	3.215	0.3111	0.3811	2.624
4	1.311	0.7629	4.440	0.2252	0.2952	3.387
5	1.403	0.7130	5.751	0.1739	0.2439	4.100
6	1.501	0.6663	7.153	0.1398	0.2098	4.767
7	1.606	0.6227	8.654	0.1156	0.1856	5.389
8	1.718	0.5820	10.260	0.0975	0.1675	5.971
9	1.838	0.5439	11.978	0.0835	0.1535	6.515
10	1.967	0.5083	13.816	0.0724	0.1424	7.024
11	2.105	0.4751	15.784	0.0634	0.1334	7.499
12	2.252	0.4440	17.888	0.0559	0.1259	7.943
13	2.410	0.4150	20.141	0.0497	0.1197	8.358
14	2.579	0.3878	22.550	0.0443	0.1143	8.745
15	2.759	0.3624	25.129	0.0398	0.1098	9.108
16	2.952	0.3387	27.888	0.0359	0.1059	9.447
17	3.159	0.3166	30.840	0.0324	0.1024	9.763
18	3.380	0.2959	33.999	0.0294	0.0994	10.059
19	3.617	0.2765	37.379	0.0268	0.0968	10.336
20	3.870	0.2584	40.996	0.0244	0.0944	10.594
21	4.141	0.2415	44.865	0.0223	0.0923	10.836
22	4.430	0.2257	49.006	0.0204	0.0904	11.061
23	4.741	0.2109	53.436	0.0187	0.0887	11.272
24	5.072	0.1971	58.177	0.0172	0.0872	11.469
25	5.427	0.1842	63.249	0.0158	0.0858	11.654
26	5.807	0.1722	68.676	0.0146	0.0846	11.826
27	6.214	0.1609	74.484	0.0134	0.0834	11.987
28	6.649	0.1504	80.698	0.0124	0.0824	12.137
29	7.114	0.1406	87.347	0.0114	0.0814	12.278
30	7.612	0.1314	94.461	0.0106	0.0806	12.409
35	10.677	0.0937	138.237	0.0072	0.0772	12.948
40	14.974	0.0668	199.635	0.0050	0.0750	13.332
45	21.007	0.0476	285.749	0.0035	0.0735	13.606
50	29.457	0.0339	406.529	0.0025	0.0725	13.801
55	41.315	0.0242	575.929	0.0017	0.0717	13.940
60	57.946	0.0173	813.520	0.0012	0.0712	14.039
65	81.273	0.0123	1146.755	0.0009	0.0709	14.110
70	113.989	0.0088	1614.134	0.0006	0.0706	14.160
75	159.876	0.0063	2269.657	0.0004	0.0704	14.196
80	224.234	0.0045	3189.063	0.0003	0.0703	14.222
85	314.500	0.0032	4478.576	0.0002	0.0702	14.240
90	441.103	0.0023	6287.185	0.0002	0.0702	14.253
95	618.670	0.0016	8823.854	0.0001	0.0701	14.263
100	867.716	0.0012	12381.662	0.0001	0.0701	14.269
∞	∞	0	∞	0	0.0700	14.286

附表 5　　　　　　　　　　　　　　　　　　　　$i=8\%$

n	一次收付期值因子 [SPCAF] $[F/P,i,n]$ $(1+i)^n$	一次收付现值因子 [SPPWF] $[P/F,i,n]$ $\dfrac{1}{(1+i)^n}$	分期等付期值因子 [USCAF] $[F/A,i,n]$ $\dfrac{(1+i)^n-1}{i}$	基金存储因子 [SFDF] $[A/F,i,n]$ $\dfrac{i}{(1+i)^n-1}$	本利摊还因子 [CRF] $[A/P,i,n]$ $\dfrac{i(1+i)^n}{(1+i)^n-1}$	分期等付现值因子 [USPWF] $[P/A,i,n]$ $\dfrac{(1+i)^n-1}{i(1+i)^n}$
1	1.080	0.9259	1.000	1.00000	1.08000	0.926
2	1.100	0.8573	2.080	0.48077	0.56077	1.783
3	1.260	0.7938	3.246	0.30803	0.38803	2.577
4	1.360	0.7350	4.506	0.22192	0.30192	3.312
5	1.469	0.6806	5.867	0.17046	0.25046	3.993
6	1.587	0.6302	7.336	0.13632	0.21632	4.623
7	1.714	0.5835	8.923	0.11207	0.19207	5.206
8	1.851	0.5403	10.637	0.09401	0.17401	5.747
9	1.999	0.5002	12.488	0.08008	0.16008	6.247
10	2.159	0.4632	14.487	0.06903	0.14903	6.710
11	2.332	0.4289	16.645	0.06008	0.14008	7.139
12	2.518	0.3971	18.977	0.05270	0.13270	7.536
13	2.720	0.3677	21.495	0.04652	0.12652	7.904
14	2.937	0.3405	24.215	0.04130	0.12130	8.244
15	3.172	0.3152	27.152	0.03683	0.11683	8.559
16	3.426	0.2919	30.324	0.03298	0.11298	8.851
17	3.700	0.2703	33.750	0.02963	0.10963	9.122
18	3.996	0.2502	37.450	0.02670	0.10670	9.372
19	4.316	0.2317	41.446	0.02413	0.10413	9.604
20	4.661	0.2145	45.762	0.02185	0.10185	9.818
21	5.034	0.1987	50.423	0.01983	0.09983	10.017
22	5.437	0.1889	55.457	0.01803	0.09803	10.201
23	5.871	0.1703	60.893	0.01642	0.09642	10.371
24	6.341	0.1577	66.765	0.01498	0.09498	10.529
25	6.848	0.1460	73.106	0.01368	0.09368	10.675
26	7.396	0.1352	79.954	0.01251	0.00251	10.810
27	7.988	0.1252	87.351	0.01145	0.09145	10.935
28	8.627	0.1159	95.339	0.01049	0.09049	11.051
29	9.317	0.1073	103.966	0.00962	0.08962	11.158
30	10.063	0.0994	113.283	0.00883	0.08883	11.258
35	14.785	0.0676	172.317	0.00580	0.08580	11.655
40	21.725	0.0460	259.057	0.00386	0.08386	11.925
45	31.920	0.0313	386.506	0.00259	0.08259	12.108
50	46.902	0.0213	573.770	0.00174	0.08174	12.233
55	68.914	0.0145	848.923	0.00118	0.08118	12.319
60	101.257	0.0099	1253.213	0.00080	0.08080	12.377
65	148.780	0.0067	1847.248	0.00054	0.08054	12.416
70	218.606	0.0046	2720.080	0.00037	0.08037	12.443
75	321.205	0.0031	4002.557	0.00025	0.08025	12.461
80	471.955	0.0021	5886.935	0.00017	0.08017	12.474
85	693.456	0.0014	8655.706	0.00012	0.08012	12.482
90	1018.915	0.0010	12723.939	0.00008	0.08008	12.488
95	1497.121	0.0007	18701.507	0.00005	0.08005	12.492
100	2199.761	0.0005	27484.516	0.00004	0.08004	12.494
∞	∞	0	∞	0	0.08000	12.500

131

附表 6　　　　　　　　　　$i＝10\%$

n	一次收付期值因子 [SPCAF] $[F/P, i, n]$ $(1+i)^n$	一次收付现值因子 [SPPWF] $[P/F, i, n]$ $\dfrac{1}{(1+i)^n}$	分期等付期值因子 [USCAF] $[F/A, i, n]$ $\dfrac{(1+i)^n-1}{i}$	基金存储因子 [SFDF] $[A/F, i, n]$ $\dfrac{i}{(1+i)^n-1}$	本利摊还因子 [CRF] $[A/P, i, n]$ $\dfrac{i(1+i)^n}{(1+i)^n-1}$	分期等付现值因子 [USPWF] $[P/A, i, n]$ $\dfrac{(1+i)^n-1}{i(1+i)^n}$
1	1.100	0.9091	1.000	1.00000	1.10000	0.909
2	1.210	0.8264	2.100	0.47619	0.57619	1.736
3	1.331	0.7513	3.310	0.30211	0.40211	2.487
4	1.464	0.6830	4.641	0.21547	0.31547	3.170
5	1.611	0.6209	6.105	0.16380	0.26380	3.791
6	1.772	0.5645	7.716	0.12961	0.22961	4.355
7	1.949	0.5132	9.487	0.10541	0.20541	4.868
8	2.144	0.4665	11.436	0.08744	0.18744	5.335
9	2.358	0.4241	13.579	0.07364	0.17364	5.759
10	2.594	0.3855	15.937	0.06275	0.16275	6.144
11	2.853	0.3505	18.531	0.05396	0.15396	6.495
12	3.138	0.3186	21.384	0.04676	0.14676	6.814
13	3.452	0.2897	24.523	0.04078	0.14078	7.103
14	3.797	0.2633	27.975	0.03575	0.13575	7.367
15	4.177	0.2394	31.772	0.03147	0.13147	7.606
16	4.595	0.2176	35.950	0.02782	0.12782	7.824
17	5.054	0.1978	40.545	0.02466	0.12466	8.022
18	5.560	0.1799	45.599	0.02193	0.12193	8.201
19	6.116	0.1635	51.159	0.01955	0.11955	8.365
20	6.727	0.1486	57.275	0.01746	0.11746	8.514
21	7.400	0.1351	64.002	0.01562	0.11562	8.649
22	8.140	0.1228	71.403	0.01401	0.11401	8.772
23	8.954	0.1117	79.543	0.01257	0.11257	8.883
24	9.850	0.1015	88.497	0.01130	0.11130	8.985
25	10.835	0.0923	98.347	0.01017	0.11017	9.077
26	11.918	0.0839	109.182	0.00916	0.10916	9.161
27	13.110	0.0763	121.100	0.00826	0.10826	9.237
28	14.421	0.0693	134.210	0.00745	0.10745	9.307
29	15.863	0.0630	148.631	0.00673	0.10673	9.370
30	17.449	0.0573	164.494	0.00608	0.10608	9.427
35	28.102	0.0356	271.024	0.00369	0.10369	9.644
40	45.259	0.0221	442.593	0.00226	0.10226	9.779
45	72.890	0.0137	718.905	0.00139	0.10139	9.863
50	117.391	0.0085	1163.909	0.00086	0.10086	9.915
55	189.059	0.0053	1880.591	0.00053	0.10053	9.947
60	304.482	0.0033	3034.816	0.00033	0.10033	9.967
65	490.371	0.0020	4893.707	0.00020	0.10020	9.980
70	789.747	0.0013	7887.470	0.00013	0.10013	9.987
75	1271.895	0.0008	12708.954	0.00008	0.10008	9.992
80	2048.400	0.0005	20474.002	0.00005	0.10005	9.995
85	3298.969	0.0003	32979.690	0.00003	0.10003	9.997
90	5313.023	0.0002	53120.226	0.00002	0.10002	9.998
95	8556.676	0.0001	85556.760	0.00001	0.10001	9.999
100	13781	0.00007	—	0.00001	0.10001	9.9993
∞	∞	0	∞	0	0.1000	10.000

附表 7　　　　　　　　　　　　　　　　　　$i = 12\%$

n	一次收付期值因子 [SPCAF] $[F/P, i, n]$ $(1+i)^n$	一次收付现值因子 [SPPWF] $[P/F, i, n]$ $\dfrac{1}{(1+i)^n}$	分期等付期值因子 [USCAF] $[F/A, i, n]$ $\dfrac{(1+i)^n-1}{i}$	基金存储因子 [SFDF] $[A/F, i, n]$ $\dfrac{i}{(1+i)^n-1}$	本利摊还因子 [CRF] $[A/P, i, n]$ $\dfrac{i(1+i)^n}{(1+i)^n-1}$	分期等付现值因子 [USPWF] $[P/A, i, n]$ $\dfrac{(1+i)^n-1}{i(1+i)^n}$
1	1.120	0.8929	1.000	1.00000	1.12000	0.893
2	1.254	0.7972	2.120	0.47170	0.59170	1.690
3	1.405	0.7118	3.374	0.29635	0.41635	2.402
4	1.574	0.6355	4.779	0.20923	0.32923	3.037
5	1.762	0.5674	6.353	0.15741	0.27741	3.605
6	1.974	0.5066	8.115	0.12323	0.24323	4.111
7	2.211	0.4523	10.089	0.09912	0.21912	4.564
8	2.476	0.4039	12.300	0.08130	0.20130	4.968
9	2.773	0.3606	14.776	0.06768	0.18768	5.328
10	3.106	0.3220	17.549	0.05698	0.17698	5.650
11	3.479	0.2875	20.655	0.04842	0.16842	5.938
12	3.896	0.2567	24.133	0.04144	0.16144	6.194
13	4.363	0.2292	28.029	0.03568	0.15568	6.424
14	4.887	0.2046	32.393	0.03087	0.15087	6.628
15	5.474	0.1827	37.280	0.02682	0.14682	6.811
16	6.130	0.1631	42.753	0.02339	0.14339	6.974
17	6.866	0.1456	48.884	0.02046	0.14046	7.120
18	7.690	0.1300	55.750	0.01794	0.13794	7.250
19	8.613	0.1161	63.440	0.01576	0.13576	7.366
20	9.646	0.1037	72.052	0.01388	0.13388	7.469
21	10.804	0.0926	81.699	0.01224	0.13224	7.562
22	12.100	0.0826	92.503	0.01081	0.13081	7.645
23	13.552	0.0738	104.603	0.00956	0.12956	7.718
24	15.179	0.0659	118.155	0.00846	0.12846	7.784
25	17.000	0.0588	133.334	0.00750	0.12750	7.843
26	19.040	0.0525	150.334	0.00665	0.12665	7.896
27	21.325	0.0469	169.374	0.00590	0.12590	7.943
28	23.884	0.0419	190.699	0.00524	0.12524	7.984
29	26.750	0.0374	214.583	0.00466	0.12466	8.022
30	29.960	0.0334	241.333	0.00414	0.12414	8.055
35	52.800	0.0189	431.663	0.00232	0.12232	8.176
40	93.051	0.0107	767.091	0.00130	0.12130	8.244
45	163.988	0.0061	1358.230	0.00074	0.12074	8.283
50	289.002	0.0035	2400.018	0.00042	0.12042	8.304
55	509.321	0.0020	4236.005	0.00024	0.12024	8.317
60	897.597	0.0011	7471.641	0.00013	0.12013	8.324
65	1581.872	0.0006	13173.937	0.00008	0.12008	8.328
70	2787.800	0.0004	23223.332	0.00004	0.12004	8.330
75	4913.056	0.0002	40933.799	0.00002	0.12002	8.332
80	8658.483	0.0001	72145.692	0.00001	0.12001	8.332
100	83522	0.00001	—	0.00000	0.12000	8.333
∞	∞	0	∞	0	0.12000	8.3333

附表 8 $i=15\%$

n	一次收付期值因子 [SPCAF] $[F/P, i, n]$ $(1+i)^n$	一次收付现值因子 [SPPWF] $[P/F, i, n]$ $\dfrac{1}{(1+i)^n}$	分期等付期值因子 [USCAF] $[F/A, i, n]$ $\dfrac{(1+i)^n-1}{i}$	基金存储因子 [SFDF] $[A/F, i, n]$ $\dfrac{i}{(1+i)^n-1}$	本利摊还因子 [CRF] $[A/P, i, n]$ $\dfrac{i(1+i)^n}{(1+i)^n-1}$	分期等付现值因子 [USPWF] $[P/A, i, n]$ $\dfrac{(1+i)^n-1}{i(1+i)^n}$
1	1.150	0.8696	1.000	1.00000	1.15000	0.870
2	1.322	0.7561	2.150	0.46512	0.61512	1.626
3	1.521	0.6575	3.472	0.28798	0.43798	2.283
4	1.749	0.5718	4.993	0.20027	0.35027	2.855
5	2.011	0.4972	6.742	0.14832	0.29832	3.352
6	2.313	0.4323	8.754	0.11424	0.26424	3.784
7	2.660	0.3759	11.067	0.09036	0.24036	4.160
8	3.059	0.3269	13.727	0.07285	0.22285	4.487
9	3.518	0.2843	16.786	0.05957	0.20957	4.772
10	4.046	0.2472	20.304	0.04925	0.19925	5.019
11	4.652	0.2149	24.349	0.04107	0.19107	5.234
12	5.350	0.1869	29.002	0.03448	0.18448	5.421
13	6.153	0.1625	34.352	0.02911	0.17911	5.583
14	7.076	0.1413	40.505	0.02469	0.17469	5.724
15	8.137	0.1229	47.580	0.02102	0.17102	5.847
16	9.358	0.1069	55.717	0.01795	0.16795	5.954
17	10.761	0.0929	65.075	0.01537	0.16537	6.047
18	12.375	0.0808	75.836	0.01319	0.16319	6.128
19	14.232	0.0703	88.212	0.01134	0.16134	6.198
20	16.367	0.0611	102.444	0.00976	0.15976	6.259
21	18.822	0.0531	118.810	0.00842	0.15842	6.312
22	21.645	0.0462	137.632	0.00727	0.15727	6.359
23	24.891	0.0402	159.276	0.00628	0.15628	6.399
24	28.625	0.0349	184.168	0.00543	0.15543	6.434
25	32.919	0.0304	212.793	0.00470	0.15470	6.464
26	37.857	0.0264	245.712	0.00407	0.15407	6.491
27	43.535	0.0230	283.569	0.00353	0.15353	6.514
28	50.066	0.0200	327.104	0.00306	0.15306	6.534
29	57.575	0.0174	377.170	0.00265	0.15265	6.551
30	66.212	0.0151	434.745	0.00230	0.15230	6.566
35	133.176	0.0075	881.170	0.00113	0.15113	6.617
40	267.864	0.0037	1779.090	0.00056	0.15056	6.642
45	538.769	0.0019	3585.128	0.00028	0.15028	6.654
50	1083.657	0.0009	7217.716	0.00014	0.15014	6.661
55	2179.622	0.0005	14524.148	0.00007	0.15007	6.664
60	4383.999	0.0002	29219.992	0.00003	0.15003	6.665
65	8817.787	0.0001	58778.583	0.00002	0.15002	6.666
∞	∞	0	∞	0	0.15000	6.6667

附表 9 $i=20\%$

n	一次收付期值因子 $[F/P,i\%,n]$ 已知 P 求 F $(1+i)^n$	一次收付现值因子 $[P/F,i\%,n]$ 已知 F 求 P $\dfrac{1}{(1+i)^n}$	基金存储因子 $[A/F,i\%,n]$ 已知 F 求 A $\dfrac{i}{(1+i)^n-1}$	分期等付期值因子 $[F/A,i\%,n]$ 已知 A 求 F $\dfrac{(1+i)^n-1}{i}$	本利摊还因子 $[A/P,i\%,n]$ 已知 P 求 A $\dfrac{i(1+i)^n}{(1+i)^n-1}$	分期等付现值因子 $[P/A,i\%,n]$ 已知 A 求 P $\dfrac{(1+i)^n-1}{i(1+i)^n}$
1	1.2000	0.8333	1.00000	1.000	1.20000	0.8333
2	1.4400	0.6944	0.45455	2.200	0.65455	1.5278
3	1.7280	0.5787	0.27473	3.640	0.47473	2.1065
4	2.0736	0.4823	0.18629	5.368	0.38629	2.5887
5	2.4883	0.4019	0.13438	7.442	0.33438	2.9906
6	2.9860	0.3349	0.10071	9.930	0.30071	3.3255
7	3.5832	0.2791	0.07742	12.916	0.27742	3.6046
8	4.2998	0.2326	0.06061	16.499	0.26061	3.8372
9	5.1598	0.1938	0.04808	20.799	0.24808	4.0310
10	6.1917	0.1615	0.03852	25.959	0.23852	4.1925
11	7.4301	0.1346	0.03110	32.150	0.23110	4.3271
12	8.9161	0.1122	0.02527	39.580	0.22526	4.4392
13	10.6993	0.0935	0.02062	48.497	0.22062	4.5327
14	12.8392	0.0779	0.01689	59.196	0.21689	4.6106
15	15.4070	0.0649	0.01388	72.035	0.21388	4.6755
16	18.4881	0.0541	0.01144	87.442	0.21144	4.7296
17	22.1861	0.0451	0.00944	105.930	0.20944	4.7746
18	26.6232	0.0376	0.00781	128.116	0.20781	4.8122
19	31.9479	0.0313	0.00646	154.740	0.20646	4.8435
20	38.3375	0.0261	0.00536	186.687	0.20536	4.8696
22	55.2059	0.0181	0.00369	271.030	0.20369	4.9094
24	79.4965	0.0126	0.00255	392.483	0.20255	4.9371
25	95.3958	0.0105	0.00212	471.979	0.20212	4.9476
26	114.4750	0.0087	0.00176	567.375	0.20176	4.9563
28	164.8439	0.0061	0.00122	819.220	0.20122	4.9697
30	237.3752	0.0042	0.00085	1181.877	0.20085	4.9789
32	341.8201	0.0029	0.00059	1704.102	0.20059	4.9854
34	492.2207	0.0020	0.00041	2456.105	0.20041	4.9898
35	590.6648	0.0017	0.00034	2948.327	0.20034	4.9915
36	708.7976	0.0014	0.00028	3538.992	0.20028	4.9929
38	1020.668	0.0010	0.00020	5098.344	0.20020	4.9951
40	1469.762	0.0007	0.00014	7343.816	0.20014	4.9966
45	3657.236	0.0003	0.00005	18281.190	0.20005	4.9986
50	9100.363	0.0001	0.00002	45496.870	0.20002	4.9995

附表 10 $i=25\%$

n	一次收付期值因子 $[F/P,i\%,n]$ 已知 P 求 F $(1+i)^n$	一次收付现值因子 $[P/F,i\%,n]$ 已知 F 求 P $\dfrac{1}{(1+i)^n}$	基金存储因子 $[A/F,i\%,n]$ 已知 F 求 A $\dfrac{i}{(1+i)^n-1}$	分期等付期值因子 $[F/A,i\%,n]$ 已知 A 求 F $\dfrac{(1+i)^n-1}{i}$	本利摊还因子 $[A/P,i\%,n]$ 已知 P 求 A $\dfrac{i\,(1+i)^n}{(1+i)^n-1}$	分期等付现值因子 $[P/A,i\%,n]$ 已知 A 求 P $\dfrac{(1+i)^n-1}{i\,(1+i)^n}$
1	1.2500	0.8000	1.00000	1.000	1.25000	0.8000
2	1.5625	0.6400	0.44445	2.250	0.69445	1.4400
3	1.9591	0.5120	0.26230	3.812	0.51230	1.9520
4	2.4414	0.4096	0.17344	5.766	0.42344	2.3616
5	3.0517	0.3277	0.12185	8.207	0.37185	2.6893
6	3.8147	0.2621	0.08882	11.259	0.33882	2.9514
7	4.7683	0.2097	0.06634	15.073	0.31634	3.1611
8	5.9604	0.1678	0.05040	19.842	0.30040	3.3289
9	7.4505	0.1342	0.03876	25.802	0.28876	3.4631
10	9.3132	0.1074	0.03007	33.253	0.28007	3.5705
11	11.6414	0.0859	0.02349	42.566	0.27349	3.6564
12	14.5518	0.0687	0.01845	54.207	0.26845	3.7251
13	18.1897	0.0550	0.01454	68.759	0.26454	3.7801
14	22.7371	0.0440	0.01150	86.949	0.26150	3.8241
15	28.4214	0.0352	0.00912	109.686	0.25912	3.8593
16	35.5267	0.0281	0.00724	138.107	0.25724	3.8874
17	44.4083	0.0225	0.00576	173.634	0.25576	3.9099
18	55.5104	0.0180	0.00459	218.042	0.25459	3.9279
19	69.3879	0.0144	0.00366	273.552	0.25366	3.9424
20	86.7348	0.0115	0.00292	342.939	0.25292	3.9539
22	135.5230	0.0074	0.00186	538.092	0.25186	3.9705
24	211.7543	0.0047	0.00119	843.018	0.25119	3.9811
25	264.6926	0.0038	0.00095	1054.771	0.25095	3.9849
26	330.8655	0.0030	0.00076	1319.463	0.25076	3.9879
28	516.9768	0.0019	0.00048	2063.909	0.25048	3.9923
30	807.7749	0.0012	0.00031	3227.103	0.25031	3.9951
32	1262.146	0.0008	0.00020	5044.590	0.25020	3.9968
34	1972.101	0.0005	0.00013	7884.406	0.25013	3.9980
35	2465.124	0.0004	0.00010	9856.504	0.25010	3.9984
36	3081.403	0.0003	0.00008	12321.620	0.25008	3.9987
38	4814.684	0.0002	0.00005	19254.750	0.25005	3.9992
40	7522.934	0.0001	0.00003	30087.750	0.25003	3.9995
45	22958.08	0.0000	0.00001	91828.370	0.25001	3.9998

附表 11 $i=30\%$

n	一次收付期值因子 $[F/P,i\%,n]$ 已知 P 求 F $(1+i)^n$	一次收付现值因子 $[P/F,i\%,n]$ 已知 F 求 P $\dfrac{1}{(1+i)^n}$	基金存储因子 $[A/F,i\%,n]$ 已知 F 求 A $\dfrac{i}{(1+i)^n-1}$	分期等付期值因子 $[F/A,i\%,n]$ 已知 A 求 F $\dfrac{(1+i)^n-1}{i}$	本利摊还因子 $[A/P,i\%,n]$ 已知 P 求 A $\dfrac{i\,(1+i)^n}{(1+i)^n-1}$	分期等付现值因子 $[P/A,i\%,n]$ 已知 A 求 P $\dfrac{(1+i)^n-1}{i\,(1+i)^n}$
1	1.3000	0.7692	1.00000	1.000	1.30000	0.7692
2	1.6900	0.5917	0.43478	2.300	0.73478	1.3609
3	2.1970	0.4552	0.25063	3.990	0.55063	1.8161
4	2.8561	0.3501	0.16163	6.187	0.46163	2.1662
5	3.7129	0.2693	0.11058	9.043	0.41058	2.4356
6	4.8268	0.2072	0.07839	12.756	0.37839	2.6427
7	6.2748	0.1594	0.05687	17.583	0.35687	2.8021
8	8.1573	0.1226	0.04192	23.858	0.34192	2.9247
9	10.6044	0.0943	0.03124	32.015	0.33124	3.0190
10	13.7858	0.0725	0.02346	42.619	0.32346	3.0915
11	17.9215	0.0558	0.01773	56.405	0.31773	3.1473
12	23.2979	0.0429	0.01345	74.326	0.31345	3.1903
13	30.2873	0.0330	0.01024	97.624	0.31024	3.2233
14	39.3734	0.0254	0.00782	127.912	0.30782	3.2487
15	51.1854	0.0195	0.00598	167.285	0.30598	3.2682
16	66.5410	0.0150	0.00458	218.470	0.30458	3.2832
17	86.5033	0.0116	0.00351	285.011	0.30351	3.2948
18	112.4542	0.0089	0.00269	371.514	0.30269	3.3037
19	146.1904	0.0068	0.00207	483.968	0.30207	3.3105
20	190.0474	0.0053	0.00159	630.158	0.30155	3.3158
22	321.1797	0.0031	0.00094	1067.266	0.30094	3.3230
24	542.7930	0.0018	0.00055	1805.979	0.30055	3.3272
25	705.6306	0.0014	0.00043	2348.771	0.30043	3.3286
26	917.3191	0.0011	0.00033	3054.401	0.30033	3.3297
28	1550.268	0.0006	0.00019	5164.227	0.30019	3.3312
30	2619.949	0.0004	0.00011	8729.836	0.30011	3.3321
32	4427.707	0.0002	0.00007	14755.690	0.30007	3.3326
34	7482.816	0.0001	0.00004	24939.410	0.30004	3.3329
35	9727.660	0.0001	0.00003	32422.230	0.30003	3.3330

附表 12　　　　　　　　　　　　　　　　　　$i=40\%$

	一次收付期值因子 $[F/P,i\%,n]$	一次收付现值因子 $[P/F,i\%,n]$	基金存储因子 $[A/F,i\%,n]$	分期等付期值因子 $[F/A,i\%,n]$	本利摊还因子 $[A/P,i\%,n]$	分期等付现值因子 $[P/A,i\%,n]$
n	已知 P 求 F $(1+i)^n$	已知 F 求 P $\dfrac{1}{(1+i)^n}$	已知 F 求 A $\dfrac{i}{(1+i)^n-1}$	已知 A 求 F $\dfrac{(1+i)^n-1}{i}$	已知 P 求 A $\dfrac{i(1+i)^n}{(1+i)^n-1}$	已知 A 求 P $\dfrac{(1+i)^n-1}{i(1+i)^n}$
1	1.4000	0.7143	1.00000	1.000	1.40000	0.7143
2	1.9600	0.5102	0.41667	2.400	0.81667	1.2245
3	2.7440	0.3644	0.22936	4.360	0.62936	1.5889
4	3.8416	0.2603	0.14077	7.104	0.54077	1.8492
5	5.3782	0.1859	0.09136	10.946	0.49136	2.0352
6	7.5295	0.1328	0.06126	16.324	0.46126	2.1680
7	10.5413	0.0949	0.04192	23.853	0.44192	2.2628
8	14.7579	0.0678	0.02907	34.395	0.42907	2.3306
9	20.6610	0.0484	0.02034	49.153	0.42034	2.3790
10	28.9254	0.0346	0.01432	69.814	0.41432	2.4136
11	40.4955	0.0247	0.01013	98.739	0.41013	2.4383
12	56.6937	0.0176	0.00718	139.234	0.40718	2.4559
13	79.3712	0.0126	0.00510	195.928	0.40510	2.4685
14	111.1196	0.0090	0.00363	275.299	0.40363	2.4775
15	155.5675	0.0064	0.00259	386.419	0.40259	2.4839
16	217.7944	0.0046	0.00185	541.986	0.40184	2.4885
17	304.9119	0.0033	0.00132	759.780	0.40132	2.4918
18	426.8767	0.0023	0.00094	1064.693	0.40094	2.4941
19	597.6272	0.0017	0.00067	1491.570	0.40067	2.4958
20	836.6780	0.0012	0.00048	2089.197	0.40048	2.4970
22	1639.888	0.0006	0.00024	4097.223	0.40024	2.4985
24	3214.178	0.0003	0.00012	8032.949	0.40012	2.4992
25	4499.848	0.0002	0.00009	11247.120	0.40009	2.4994
26	6299.785	0.0002	0.00006	15746.970	0.40006	2.4996
28	12347.57	0.0001	0.00003	30866.460	0.40003	2.4998
30	24201.23	0.0000	0.00002	60500.640	0.40002	2.4999
32	47434.39	0.0000	0.00001	118583.50	0.40001	2.4999
34	92971.31	0.0000	0.00000	232425.90	0.40000	2.5000
35	130159.8	0.0000	0.00000	325397.20	0.40000	2.5000

附表 13　　　　　　　　　　　　　　　　　　$i=50\%$

n	一次收付期值因子 $[F/P,i\%,n]$ 已知 P 求 F $(1+i)^n$	一次收付现值因子 $[P/F,i\%,n]$ 已知 F 求 P $\dfrac{1}{(1+i)^n}$	基金存储因子 $[A/F,i\%,n]$ 已知 F 求 A $\dfrac{i}{(1+i)^n-1}$	分期等付期值因子 $[F/A,i\%,n]$ 已知 A 求 F $\dfrac{(1+i)^n-1}{i}$	本利摊还因子 $[A/P,i\%,n]$ 已知 P 求 A $\dfrac{i(1+i)^n}{(1+i)^n-1}$	分期等付现值因子 $[P/A,i\%,n]$ 已知 A 求 P $\dfrac{(1+i)^n-1}{i(1+i)^n}$
1	1.5000	0.6667	1.00000	1.000	1.50000	0.6667
2	2.2500	0.4444	0.40000	2.500	0.90000	1.1111
3	3.3750	0.2963	0.21053	4.750	0.71053	1.4074
4	5.0625	0.1975	0.12308	8.125	0.62308	1.6049
5	7.5937	0.1317	0.07583	13.187	0.57583	1.7366
6	11.3906	0.0878	0.04812	20.781	0.54812	1.8244
7	17.0859	0.0585	0.03108	32.172	0.53108	1.8829
8	25.6288	0.0390	0.02030	49.258	0.52030	1.9220
9	38.4431	0.0260	0.01335	74.886	0.51335	1.9480
10	57.6647	0.0173	0.00882	113.329	0.50882	1.9653
11	86.4969	0.0116	0.00585	170.994	0.50585	1.9769
12	129.7453	0.0077	0.00388	257.491	0.50388	1.9846
13	194.6179	0.0051	0.00258	387.236	0.50258	1.9897
14	291.9265	0.0034	0.00172	581.854	0.50172	1.9931
15	437.8896	0.0023	0.00114	873.780	0.50114	1.9954
16	656.8340	0.0015	0.00076	1311.669	0.50076	1.9970
17	985.2505	0.0010	0.00051	1968.503	0.50051	1.9980
18	1477.875	0.0007	0.00034	2953.753	0.50034	1.9986
19	2216.811	0.0005	0.00023	4431.625	0.50023	1.9991
20	3325.214	0.0003	0.00015	6648.434	0.50015	1.9994
22	7481.723	0.0001	0.00007	14961.450	0.50007	1.9997
24	16833.85	0.0001	0.00003	33665.730	0.50003	1.9999
25	25250.77	0.0000	0.00002	50499.570	0.50002	1.9999
26	37876.13	0.0000	0.00001	75750.310	0.50001	1.9999
28	85221.13	0.0000	0.00001	170440.30	0.50001	2.0000
30	191747.4	0.0000	0.00000	383493.10	0.50000	2.0000
32	431431.1	0.0000	0.00000	862861.50	0.50000	2.0000
34	970718.8	0.0000	0.00000	1941437.0	0.50000	2.0000

附表 14　　　　　　　　　　等差系列现值因子 $[P/G, i, n]$

n	1%	2%	3%	4%	5%	6%
2	0.958	0.958	0.941	0.924	0.906	0.890
3	2.895	2.841	2.772	2.702	2.634	2.569
4	5.773	5.612	5.437	5.267	5.101	4.945
5	9.556	9.233	8.887	8.554	8.235	7.934
6	14.271	13.672	13.074	12.506	11.966	11.458
7	19.860	18.895	17.952	17.066	16.230	15.449
8	26.324	24.868	23.478	22.180	20.968	19.840
9	33.626	31.559	29.609	27.801	26.124	24.576
10	41.764	38.943	36.305	33.881	31.649	29.601
11	50.721	46.984	43.530	40.377	37.496	34.869
12	60.479	55.657	51.245	47.248	43.621	40.335
13	71.018	64.932	59.416	54.454	49.984	45.961
14	82.314	74.783	68.010	61.961	56.550	51.711
15	94.374	85.183	76.996	69.735	63.284	57.553
16	107.154	96.109	86.343	77.744	70.156	63.457
17	120.662	107.535	96.023	85.958	77.136	69.399
18	134.865	119.436	106.009	94.350	84.200	75.355
19	149.754	131.792	116.274	102.893	91.323	81.304
20	165.320	144.577	126.794	111.564	98.484	87.228
21	181.546	157.772	137.544	120.341	105.663	93.111
22	198.407	171.354	148.504	129.202	112.841	98.939
23	215.903	185.305	159.651	138.128	120.004	104.699
24	234.009	199.604	170.965	147.101	127.135	110.379
25	252.717	214.231	182.428	156.103	134.223	115.971
26	272.011	229.169	194.020	165.121	141.253	121.466
27	291.875	244.401	205.725	174.138	148.217	126.858
28	312.309	259.908	217.525	183.142	155.105	132.140
29	333.280	275.674	229.407	192.120	161.907	137.307
30	354.790	291.684	241.355	201.061	168.617	142.357
31	376.822	307.921	253.354	209.955	175.228	147.284
32	399.360	324.369	265.392	218.792	181.734	152.088
33	422.398	341.016	277.457	227.563	188.130	156.766
34	445.919	357.845	289.536	236.260	194.412	161.741
35	469.916	374.846	301.619	244.876	200.575	165.317
36	494.375	392.003	313.695	253.405	206.618	170.037
37	519.279	409.305	325.755	261.839	212.538	174.205
38	544.622	426.738	337.788	270.175	218.333	178.247
39	570.396	444.291	349.786	278.406	224.000	182.163
40	596.579	461.953	361.742	286.530	229.540	185.955
42	650.167	497.560	385.495	302.437	240.234	193.171
44	705.288	533.474	408.989	317.869	250.412	199.911
46	761.870	569.618	432.177	332.810	260.079	206.192
48	819.829	605.921	455.017	347.244	269.242	212.033
50	879.089	642.316	477.472	361.183	277.910	217.456

附表 15　　　　　　　　　　等差系列现值因子 [P/G, i, n]

n	7%	8%	9%	10%	15%	20%
2	0.873	0.857	0.841	0.826	0.756	0.694
3	2.506	2.445	2.386	2.329	2.071	1.852
4	4.794	4.650	4.511	4.378	3.786	3.299
5	7.646	7.372	7.111	6.862	5.775	4.906
6	10.978	10.523	10.092	9.684	7.937	6.581
7	14.714	14.024	13.374	12.763	10.192	8.255
8	18.788	17.806	16.887	16.028	12.481	9.833
9	23.140	21.808	20.570	19.421	14.755	11.434
10	27.715	25.977	24.372	22.891	16.979	12.887
11	32.466	30.266	28.247	26.396	19.129	14.233
12	37.350	34.634	32.158	29.901	21.185	15.467
13	42.330	39.046	36.072	33.377	23.125	16.588
14	47.371	43.472	39.962	36.800	24.972	17.601
15	52.445	47.886	43.806	40.152	26.693	18.509
16	57.526	52.264	47.584	43.416	28.296	19.321
17	62.597	56.588	51.281	46.581	29.783	20.042
18	67.621	60.842	54.885	49.639	31.156	20.680
19	72.598	65.013	58.386	52.582	32.421	21.244
20	77.508	69.090	61.776	55.406	33.582	21.739
21	82.339	73.063	65.050	58.109	34.645	22.174
22	87.079	76.926	68.204	60.689	35.615	22.555
23	91.719	80.672	71.235	63.146	35.499	22.887
24	96.254	84.300	74.142	65.481	37.302	23.176
25	100.676	87.804	76.926	67.696	38.031	23.428
26	104.981	91.184	79.586	69.794	38.692	23.646
27	109.165	94.439	82.123	71.777	39.289	23.835
28	113.226	97.569	84.541	73.649	39.828	23.999
29	117.161	100.574	86.842	75.414	40.315	24.141
30	120.971	103.456	89.027	77.076	40.753	24.263
31	124.654	106.216	91.102	78.639	41.147	24.368
32	128.211	108.857	93.068	80.108	41.501	24.459
33	131.643	111.382	94.931	81.485	41.818	24.537
34	134.950	113.792	96.693	82.777	42.103	24.604
35	138.135	116.092	98.358	83.987	42.359	24.661
36	141.198	118.284	99.931	85.119	42.587	24.711
37	144.144	120.371	101.416	86.178	42.792	24.753
38	146.972	122.358	102.815	87.167	42.974	24.789
39	149.688	124.247	104.134	88.091	43.137	24.820
40	152.292	126.042	105.376	88.952	43.283	24.847
42	157.180	129.365	107.643	90.505	43.529	24.889
44	161.660	132.355	109.645	91.851	43.723	24.920
46	165.758	135.038	111.410	93.016	43.878	24.942
48	169.498	137.443	112.962	94.022	44.000	24.958
50	172.905	139.593	114.325	94.889	44.096	24.970

附表 16　　　　　　　　　　等差系列年值因子 [A/G，i，n]

n	1%	2%	3%	4%	5%	6%
2	0.486	0.493	0.492	0.490	0.487	0.485
3	0.984	0.985	0.980	0.974	0.967	0.961
4	1.480	1.474	1.463	1.451	1.439	1.427
5	1.971	1.959	1.941	1.922	1.902	1.883
6	2.463	2.441	2.413	2.386	2.358	2.330
7	2.952	2.920	2.881	2.843	2.805	2.767
8	3.440	3.395	3.345	3.294	3.244	3.195
9	3.926	3.867	3.803	3.739	3.675	3.613
10	4.410	4.336	4.356	4.177	4.099	4.022
11	4.893	4.801	4.705	4.609	4.514	4.421
12	5.374	5.263	5.148	5.034	4.922	4.811
13	5.853	5.722	5.587	5.453	5.321	5.192
14	6.331	6.177	6.021	5.866	5.713	5.563
15	6.807	6.630	6.450	6.272	6.097	5.926
16	7.281	7.079	6.874	6.672	6.473	6.279
17	7.754	7.524	7.293	7.066	6.842	6.624
18	8.225	7.967	7.708	7.453	7.203	6.960
19	8.694	8.406	8.118	7.834	7.557	7.287
20	9.162	8.842	8.523	8.209	7.903	7.605
22	10.092	9.704	9.318	8.941	8.573	8.216
24	11.016	10.553	10.095	9.648	9.214	8.795
25	11.476	10.973	10.476	9.992	9.523	9.072
26	11.934	11.390	10.853	10.331	9.826	9.341
28	12.844	12.213	11.593	10.991	10.411	9.857
30	13.748	13.024	12.314	11.627	10.969	10.342
32	14.646	13.822	13.017	12.241	11.500	10.799
34	15.537	14.607	13.702	12.832	12.006	11.227
35	15.980	14.995	14.037	13.120	12.250	11.432
36	16.421	15.380	14.369	13.402	12.487	11.630
38	17.299	16.140	15.018	13.950	12.944	12.006
40	18.170	16.887	15.650	14.476	13.377	12.359
45	20.320	18.702	17.155	15.705	14.364	13.141
50	22.429	20.441	18.557	16.812	15.223	13.796
55	24.498	22.105	19.860	17.807	15.966	14.341
60	26.526	23.695	21.067	18.697	16.606	14.791
65	28.515	25.214	22.184	19.491	17.154	15.160
70	30.463	26.662	23.214	20.196	17.621	15.461
75	32.372	28.042	24.163	20.821	18.017	15.706
80	34.242	29.356	25.035	21.372	18.352	15.903
85	36.073	30.605	25.835	21.857	18.635	16.062
90	37.866	31.792	26.566	22.283	16.189	16.189
95	39.620	32.918	27.235	22.655	16.290	16.290
100	41.336	33.985	27.844	22.950	16.371	16.371

附表 17 等差系列年值因子 [A/G, i, n]

n	7%	8%	10%	12%	15%	20%
2	0.481	0.478	0.476	0.472	0.465	0.455
3	0.949	0.943	0.936	0.925	0.907	0.879
4	1.404	1.392	1.381	1.359	1.326	1.274
5	1.846	1.828	1.810	1.775	1.723	1.641
6	2.276	2.250	2.224	2.172	2.097	1.979
7	2.694	2.657	2.022	2.551	2.450	2.290
8	3.099	3.051	3.004	2.913	2.781	2.576
9	3.491	3.431	3.372	3.257	3.092	2.836
10	3.871	3.798	3.725	3.585	3.383	3.074
11	4.239	4.151	4.064	3.895	3.655	3.289
12	4.596	4.491	4.388	4.190	3.908	3.484
13	4.940	4.818	4.699	4.468	4.144	3.660
14	5.273	5.133	4.995	4.732	4.362	3.817
15	5.594	5.435	5.279	4.980	4.565	3.959
16	5.905	5.724	5.549	5.215	4.752	4.085
17	6.204	6.002	5.807	5.435	4.925	4.198
18	6.492	6.269	6.053	5.643	5.084	4.298
19	6.770	6.524	6.286	5.838	5.231	4.386
20	7.037	6.767	6.508	6.020	5.365	4.464
22	7.541	7.223	6.919	6.351	5.601	4.594
24	8.007	7.638	7.288	6.641	5.798	4.694
25	8.225	7.832	7.458	6.771	5.883	4.735
26	8.435	8.016	7.619	6.892	5.961	4.771
28	8.829	8.357	7.914	7.110	6.096	4.829
30	9.190	8.666	8.176	7.297	6.207	4.873
32	9.520	8.944	8.409	7.459	6.297	4.906
34	9.821	9.193	8.615	7.596	6.371	4.931
35	9.961	9.308	8.709	7.658	6.402	4.941
36	10.095	9.417	8.796	7.714	6.430	4.949
38	10.344	9.617	8.956	7.814	6.478	4.963
40	10.570	9.796	9.096	7.899	6.517	4.973
45	11.045	10.160	9.374	8.057	6.583	4.988
50	11.411	10.429	9.570	8.160	6.620	4.995
55	11.690	10.626	9.708	8.225	6.641	4.998
60	11.902	10.768	9.802	8.266	6.653	4.999
65	12.060	10.870	9.867	8.292	6.659	5.000
70	12.178	10.943	9.911	8.308	6.663	5.000
75	12.266	10.994	9.941	8.318	6.665	5.000
80	12.330	11.030	9.961	8.324	6.666	5.000
85	12.377	11.055	9.974	8.328	6.666	5.000
90	12.412	11.073	9.983	8.330	6.666	5.000
95	12.437	11.085	9.989	8.331	6.667	5.000
100	12.455	11.093	9.993	8.332	6.667	5.000

附表 18　　　　　　　　　　　　　　　$i=5\%$

等比级数现值因子 $[P/G, j, i, n]$

n	$j=4\%$	$j=6\%$	$j=8\%$	$j=10\%$	$j=15\%$
1	0.9524	0.9524	0.9524	0.9524	0.9524
2	1.8957	1.9138	1.9320	1.9501	1.9955
3	2.8300	2.8844	2.9396	2.9954	3.1379
4	3.7554	3.8643	3.9759	4.0904	4.3891
5	4.6721	4.8535	5.0419	5.2375	5.7595
6	5.5799	5.8521	6.1383	6.4393	7.2604
7	6.4792	6.8602	7.2661	7.6983	8.9043
8	7.3699	7.8779	8.4261	9.0173	10.7047
9	8.2521	8.9053	9.6192	10.3991	12.6765
10	9.1258	9.9425	10.8464	11.8467	14.8362
11	9.9913	10.9896	12.1087	13.3632	17.2016
12	10.8485	12.0466	13.4070	14.9519	19.7922
13	11.6976	13.1137	14.7425	16.6163	22.6295
14	12.5386	14.1910	16.1161	18.3599	25.7371
15	13.3715	15.2785	17.5289	20.1866	29.1407
16	14.1966	16.3764	18.9821	22.1002	32.8683
17	15.0137	17.4848	20.4769	24.1050	36.9510
18	15.8231	18.6037	22.0143	26.2052	41.4226
19	16.6248	19.7332	23.5956	28.4055	46.3200
20	17.4189	20.8736	25.2222	30.7105	51.6838
21	18.2054	22.0247	26.8952	33.1253	57.5584
22	18.9844	23.1869	28.6160	35.6550	63.9925
23	19.7559	24.3601	30.3860	38.3053	71.0394
24	20.5202	25.5445	32.2066	41.0817	78.7575
25	21.2771	26.7401	34.0791	43.9904	87.2105
26	22.0269	27.9472	36.0052	47.0375	96.4687
27	22.7695	29.1657	37.9863	50.2298	106.6086
28	23.5050	30.3959	40.0240	53.5741	117.7142
29	24.2335	31.6377	42.1199	57.0776	129.8774
30	24.9551	32.8914	44.2757	60.7480	143.1991
31	25.6698	34.1571	46.4931	64.5931	157.7895
32	26.3777	35.4348	48.7739	68.6213	173.7695
33	27.0789	36.7246	51.1198	72.8414	191.2713
34	27.7734	38.0267	53.5328	77.2624	210.4400
35	28.4612	39.3413	56.0146	81.8940	231.4343
36	29.1426	40.6683	58.5674	86.7461	254.4280
37	29.8174	42.0080	61.1932	91.8292	279.6116
38	30.4858	43.3605	63.8939	97.1544	307.1937
39	31.1478	44.7258	66.6719	102.7332	337.4026
40	31.8036	46.1042	69.5291	108.5776	370.4886
41	32.4531	47.4957	72.4681	114.7004	406.7256
42	33.0964	48.9004	75.4910	121.1147	446.4138
43	33.7335	50.3185	78.6002	127.8344	489.8817
44	34.3647	51.7501	81.7983	134.8742	537.4895
45	34.9898	53.1953	85.0878	142.2491	589.6314
46	35.6089	54.6543	88.4713	149.9753	646.7391
47	36.2221	56.1272	91.9514	158.0693	709.2857
48	36.8296	57.6141	95.5310	166.5488	777.7891
49	37.4312	59.1152	99.2128	175.4321	852.8167
50	38.0271	60.6306	102.9998	184.7384	934.9897

附表 19　　　　　　　　　　　　　$i=5\%$

等比级数期值因子 $[F/G, j, i, n]$

n	$j=4\%$	$j=6\%$	$j=8\%$	$j=10\%$	$j=15\%$
1	1.0000	1.0000	1.0000	1.0000	1.0000
2	2.0900	2.1100	2.1300	2.1500	2.2000
3	3.2761	3.3391	3.4029	3.4675	3.6325
4	4.5648	4.6971	4.8328	4.9719	5.3350
5	5.9629	6.1944	6.4349	6.6846	7.3508
6	7.4777	7.8423	8.2260	8.6293	9.7297
7	9.1169	9.6530	10.2241	10.8323	12.5292
8	10.8886	11.6393	12.4492	13.3227	15.8157
9	12.8016	13.8151	14.9225	16.1324	19.6655
10	14.8650	16.1953	17.6677	19.2970	24.1666
11	17.0885	18.7959	20.7100	22.8555	29.4205
12	19.4824	21.6340	24.0771	26.8514	35.5439
13	22.0576	24.7279	27.7992	31.3324	42.6714
14	24.8255	28.0972	31.9087	36.3513	50.9577
15	27.7985	31.7630	36.4414	41.9664	60.5813
16	30.9893	35.7477	41.4356	48.2420	71.7475
17	34.4118	40.0754	46.9333	55.2490	84.6925
18	38.0803	44.7720	52.9800	63.0660	99.0883
19	42.0101	49.8649	59.6250	71.7792	117.0482
20	46.2175	55.3838	66.9220	81.4840	137.1324
21	50.7195	61.3601	74.9290	92.2857	160.3556
22	55.5342	67.8277	83.7093	104.3003	187.1948
23	60.6808	74.8226	93.3313	117.6556	216.1993
24	66.1796	82.3835	103.8694	132.4927	254.0008
25	72.0519	90.5516	115.4040	148.9670	295.3260
26	78.3203	99.3710	128.0227	167.2501	343.0112
27	85.0088	108.8890	141.8202	187.5308	398.0186
28	92.1426	119.1558	156.8992	210.0173	461.4548
29	99.7484	130.2252	173.3713	234.9391	534.5932
30	107.8545	142.1549	191.3572	262.5492	618.8983
31	116.4906	155.0061	210.9877	293.1261	716.0550
32	125.6883	168.8445	232.4047	326.9767	828.0013
33	135.4807	183.7401	255.7620	364.4393	956.9664
34	145.9032	199.7677	281.2262	405.8864	1105.5146
35	156.9926	217.0071	308.9776	451.7284	1276.5951
36	168.7884	235.5436	339.2119	502.4173	1473.6004
37	181.3317	255.4680	372.1406	558.4508	1700.4322
38	194.6664	276.8775	407.9933	620.3773	1961.5785
39	208.8385	299.8756	447.0182	688.8005	2262.2007
40	223.8968	324.5729	489.4844	764.3853	2608.2356
41	239.8927	351.0873	535.6832	847.8639	3006.5109
42	256.8804	379.5445	585.9298	940.0422	3464.8795
43	274.9172	410.0788	640.5658	1041.8080	3992.3730
44	294.0635	442.8332	699.9607	1154.1385	4599.3787
45	314.3832	477.9603	764.5147	1278.1095	5297.8426
46	335.9435	515.6229	834.6609	1414.9055	6101.5040
47	358.8155	555.9946	910.8680	1565.8303	7026.1639
48	383.0741	599.2602	993.6434	1732.3193	8089.9944
49	408.7984	645.6171	1083.5362	1915.9525	9313.8949
50	436.0716	695.2754	1181.1404	2118.4691	10721.9004

附表 20 $\qquad$ $i=10\%$

n	$j=4\%$	$j=6\%$	$j=8\%$	$j=10\%$	$j=15\%$
1	0.9091	0.9091	0.9091	0.9091	0.9091
2	1.7686	1.7851	1.8017	1.8183	1.8595
3	2.5812	2.6293	2.6780	2.7273	2.8531
4	3.3495	3.4428	3.5384	3.6364	3.8919
5	4.0759	4.2267	4.3831	4.5455	4.9779
6	4.7627	4.9821	5.2125	5.4545	6.1133
7	5.4120	5.7100	6.0269	6.3636	7.3002
8	6.0259	6.4115	6.8264	7.2727	8.5411
9	6.6063	7.0874	7.6113	8.1818	9.8385
10	7.1550	7.7388	8.3820	9.0909	11.1948
11	7.6738	8.3664	9.1387	10.0000	12.6127
12	8.1944	8.9713	9.8817	10.9091	14.0951
13	8.6281	9.5542	10.6111	11.8182	15.6449
14	9.0666	10.1158	11.3273	12.7273	17.2651
15	9.4811	10.6571	12.0304	13.6364	18.9590
16	9.8731	11.1786	12.7208	14.5455	20.7298
17	10.2436	11.6812	13.3986	15.4545	22.5812
18	10.5940	12.1656	14.0640	16.3636	24.5167
19	10.9252	12.6323	14.7174	17.2727	26.5402
20	11.2384	13.0820	15.3589	18.1818	28.6556
21	11.5345	13.5154	15.9888	19.0909	30.8672
22	11.8144	13.9330	16.6071	20.0000	33.1794
23	12.0791	14.3354	17.2143	20.9091	35.5966
24	12.3293	14.7232	17.8104	21.8182	38.1238
25	12.5659	15.0969	18.3957	22.7273	40.7658
26	12.7896	15.4570	18.9703	23.6364	43.5278
27	13.0011	15.8041	19.5345	24.5455	46.4155
28	13.2010	16.1385	20.0884	25.4545	49.4343
29	13.3900	16.4607	20.6322	26.3636	52.5905
30	13.5688	16.7712	21.1662	27.2727	55.8900
31	13.7377	17.0704	21.6904	28.1818	59.3396
32	13.8975	17.3588	22.2052	29.0909	62.9459
33	14.0485	17.6367	22.7105	30.0000	66.7162
34	14.1913	17.9044	23.2067	30.9091	70.6578
35	14.3264	18.1624	23.6938	31.8182	74.7786
36	14.4540	18.4111	24.1721	32.7273	79.0867
37	14.5747	18.6507	24.6417	33.6364	83.5907
38	14.6888	18.8816	25.1028	34.5455	88.2994
39	14.7967	19.1040	25.5555	35.4545	93.2221
40	14.8987	19.3184	25.9999	36.3636	98.3685
41	14.9951	19.5250	26.4363	37.2727	103.7489
42	15.0863	19.7241	26.8647	38.1818	109.3739
43	15.1725	19.9160	27.2854	39.0909	115.2545
44	15.2540	20.1009	27.6983	40.0000	121.4024
45	15.3311	20.2790	28.1038	40.9091	127.8298
46	15.4039	20.4507	28.5019	41.8182	134.5493
47	15.4728	20.6161	28.8928	42.7273	141.5743
48	15.5379	20.7755	29.2766	43.6364	148.9186
49	15.5995	20.9291	29.6534	44.5455	156.5967
50	15.6577	21.0772	30.0233	45.4545	164.6238

附表 21　　　　　　　　　　　　　　　$i=10\%$

等比级数期值因子 $[F/G，j，i，n]$

n	$j=4\%$	$j=6\%$	$j=8\%$	$j=10\%$	$j=15\%$
1	1.0000	1.0000	1.0000	1.0000	1.0000
2	2.1400	2.1600	2.1800	2.2000	2.2500
3	3.4356	3.4996	3.5644	3.6300	3.7975
4	4.9040	5.0406	5.1806	5.3240	5.6981
5	6.5643	6.8071	7.0591	7.3205	8.0169
6	8.4374	8.8071	9.2343	9.6631	10.8300
7	10.5464	11.1272	11.7446	12.4009	14.2261
8	12.9170	13.7435	14.6329	15.5897	18.3087
9	15.5773	16.7117	17.9472	19.2923	23.1986
10	18.5503	20.0724	21.7409	23.5795	29.0363
11	21.8944	23.8705	26.0739	28.5312	35.9855
12	25.6233	28.1558	31.0129	34.2374	44.2364
13	29.7866	32.9836	36.6324	40.7996	54.0103
14	34.4304	38.4149	43.0152	48.3318	65.5641
15	39.6051	44.5172	50.2540	56.9625	79.1963
16	45.3665	51.3655	58.4515	66.8360	95.2530
17	51.7762	59.0424	67.7226	78.1145	114.1359
18	58.9017	67.6395	78.1949	90.9805	136.3107
19	66.8177	77.2577	90.0104	105.6384	162.3173
20	75.6063	88.0091	103.3271	122.3182	192.7807
21	85.3580	100.0172	118.3208	141.2775	228.4254
22	96.1726	113.4184	135.1867	162.8055	270.0894
23	108.1598	128.3638	154.1419	187.2263	318.7431
24	121.4405	145.0200	175.4276	214.9033	375.5089
25	136.1478	163.5709	199.3115	246.2433	441.6849
26	152.4284	184.2198	226.0912	281.7024	518.7724
27	170.4438	207.1912	256.0966	321.7908	608.5064
28	190.3715	232.7327	289.6944	367.0798	712.8924
29	212.4074	261.1176	327.2909	418.2088	834.2472
30	236.7667	292.6478	369.3373	475.8928	975.2474
31	263.6868	327.6560	416.3337	540.9315	1138.9839
32	293.4286	366.5098	468.8347	614.2190	1329.0258
33	326.2796	409.6141	527.4552	696.7546	1549.4935
34	362.5559	457.4161	592.8768	789.6553	1805.1427
35	402.6058	510.4088	665.8546	894.1684	2101.4617
36	446.8125	569.1357	747.2254	1011.6877	2444.7834
37	495.5976	634.1965	837.9162	1143.7692	2842.4136
38	549.4255	706.2523	938.9534	1292.1500	3302.7796
39	608.8069	786.0318	1051.4740	1458.7694	3835.6009
40	674.3039	874.3384	1176.7367	1645.7911	4452.0858
41	746.5353	972.0580	1316.1349	1855.6295	5165.1579
42	826.1819	1080.1667	1471.2109	2090.9776	5989.7168
43	913.9929	1199.7404	1643.6714	2354.8391	6942.9380
44	1010.7927	1331.9649	1835.4052	2650.5630	8044.6188
45	1117.4885	1478.1468	2048.5017	2981.8834	9317.5757
46	1235.0785	1639.7261	2285.2723	3352.9622	10788.1025
47	1364.6612	1818.2892	2548.2737	3768.4380	12486.4975
48	1507.4451	2015.5841	2840.3330	4233.4793	14447.6696
49	1664.7601	2233.5363	3164.5769	4753.8445	16711.8372
50	1838.0695	2474.2675	3524.4620	5335.9479	19325.3318

附表 22　　　　　　　**实际利率 i 与名义利率 r 转换关系表**

r (%)	半年 $(1+\frac{r}{2})^2-1$	每季 $(1+\frac{r}{4})^4-1$	每月 $(1+\frac{r}{12})^{12}-1$	每周 $(1+\frac{r}{52})^{52}-1$	每日 $(1+\frac{r}{365})^{365}-1$	连续 $(1+\frac{r}{\infty})^{\infty}=e^r-1$
1	1.0025	1.0038	1.0046	1.0049	1.0050	1.0050
2	2.0100	2.0151	2.0184	2.0197	2.0200	2.0201
3	3.0225	3.0339	3.0416	3.0444	3.0451	3.0455
4	4.0400	4.0604	4.0741	4.0793	4.0805	4.0811
5	5.0625	5.0945	5.1161	5.1244	5.1261	5.1271
6	6.0900	6.1364	6.1678	6.1797	6.1799	6.1837
7	7.1225	7.1859	7.2290	7.2455	7.2469	7.2508
8	8.1600	8.2432	8.2999	8.3217	8.3246	8.3287
9	9.2025	9.3083	9.3807	9.4085	9.4132	9.4174
10	10.2500	10.3813	10.4713	10.5060	10.5126	10.5171
11	11.3025	11.4621	11.5718	11.6144	11.6231	11.6278
12	12.3600	12.5509	12.6825	12.7336	12.7447	12.7497
13	13.4225	13.6476	13.8032	13.8644	13.8775	13.8828
14	14.4900	14.7523	14.9341	15.0057	15.0217	15.0274
15	15.5625	15.8650	16.0755	16.1582	16.1773	16.1834
16	16.6400	16.9859	17.2270	17.3221	17.3446	17.3511
17	17.7225	18.1148	18.3891	18.4974	18.5235	18.5305
18	18.8100	19.2517	19.5618	19.6843	19.7142	19.7217
19	19.9025	20.3971	20.7451	20.8828	20.9169	20.9250
20	21.0000	21.5506	21.9390	22.0931	22.1316	22.1403
21	22.1025	22.7124	23.1439	23.3153	23.3584	23.3678
22	23.2100	23.8825	24.3596	24.5494	24.5976	24.6077
23	24.3225	25.0609	25.5863	25.7957	25.8492	25.8600
24	25.4400	26.2477	26.8242	27.0542	27.1133	27.1249
25	26.5625	27.4429	28.0731	28.3250	28.3901	28.4025
26	27.6900	28.6466	29.3333	29.6090	29.6796	29.6930
27	28.8225	29.8588	30.6050	30.9049	30.9821	30.9964
28	29.9600	31.0796	31.8880	32.2135	32.2976	32.3130
29	31.1025	32.3089	33.1826	33.5350	33.6264	33.6428
30	32.2500	33.5469	34.4889	34.8693	34.9684	34.9859

参 考 文 献

1 张占庞主编．水利经济学．北京：中央广播电视大学出版社，2003
2 丁红岩主编．工程经济与管理．天津：天津大学出版社，北京：中国广播电视大学出版社，2003
3 施熙灿，蒋水心，赵宝璋．水利工程经济．第 2 版．北京：中国水利水电出版社，1997
4 许志方，沈佩君．水利工程经济学．北京：水利电力出版社，1987
5 唐德善，王锋，段力平．水资源综合规划．南昌：江西高校出版社，1995
6 唐德善，颜素珍．灌溉工程设计优化～模拟模型．河海科技进展，1994（5）
7 王浩，尹明万，秦大庸．水利建设边际成本与边际效益评价．北京：科学出版社，2004
8 江志农主编．灌溉排水工程学．北京：中国农业出版社，2000
9 宋国防，贾湖．工程经济学．天津：天津大学出版社，2000
10 谢吉存主编．水利工程经济．北京：中国水利水电出版社，2000
11 韩慧芳，郑通汉著．水利工程供水价格管理办法讲义．北京：中国水利水电出版社，2004
12 国家计划委员会，建设部．建设项目经济评价方法与参数．第 2 版．北京：中国计划出版社，1993